Darstellende Geometrie des Geländes

und verwandte Anwendungen der Methode der kotierten Projektionen

Rudolf Rothe

Alpha Editions

This edition published in 2022

ISBN : 9789356788626

Design and Setting By
Alpha Editions
www.alphaedis.com
Email - info@alphaedis.com

Contents

VORWORT ZUR ERSTEN UND ZWEITEN AUFLAGE

In der vorliegenden kleinen Schrift habe ich versucht, den Leser in elementarer und leicht verständlicher Weise mit der zeichnerischen Behandlung der topographischen Flächen nach der Methode der »kotierten Projektionen« bekannt zu machen. Die glückliche Paarung zwischen Rechnung und Zeichnung, auf der diese Methode beruht, die darin begründete Freiheit, sich auch an kompliziertere Aufgaben mit Aussicht auf Erfolg zu wagen, und daher weiter das unbewußte Gefühl, hier wenigstens der »selbstgeschaffenen Schmerzen« der Mathematiker ledig zu sein, das alles gibt diesem Schwestergebiete der darstellenden Geometrie einen besonderen Reiz. Er wird noch erhöht durch die fast unmittelbare Anwendbarkeit auf praktische Fragen. Ich habe auf diese Anwendungen großes Gewicht gelegt; sie entstammen zum Teil dem geologisch-bergmännischen Gesichtskreis und rühren aus der Zeit, als ich an der Clausthaler Bergakademie einiges aus diesem Gebiete in elementaren Vorlesungen über darstellende Geometrie vortrug …

In der zweiten Auflage, die dem Büchlein trotz der Ungunst der Zeiten beschieden ist, konnten mehrere sachliche und sprachliche Verbesserungen und Ergänzungen angebracht werden; so insbesondere in den §§ 63 und 64, wo, wie ich glaube, der Begriff des Talwegs jetzt einwandfrei erklärt worden ist. Auch wurde auf mehrfach geäußerten Wunsch ein kurzer Abschnitt über Anwendungen auf die zeichnerische Analysis und die Nomographie hinzugefügt. Bezüglich der Abbildungen, die schon wegen des Formates nicht mehr als einen bloßen Anhalt zum Anfertigen von Reinzeichnungen geben wollen, konnte ich mich auch aus äußeren Gründen nicht entschließen, größere Änderungen vorzunehmen. Wer aus dem Buche ernsthaft lernen will, wird gewiß nicht unterlassen, sich Reinzeichnungen im passenden Maßstabe selbst herzustellen. Übrigens ist es ein Unterschied, ob es sich um eine Reinzeichnung handelt, wie sie in den Übungen zur darstellenden Geometrie gefordert wird, oder um eine Konstruktion an einer topographischen oder geologischen Geländekarte; hier wird manche Zeichnung doch nicht viel größer ausfallen als die Abbildungen dieses Bändchens.

Am Schluß ist ein alphabetisches Sachverzeichnis angefügt worden. Der erweiterte Umfang hat es erfordert, das Buch als Doppelbändchen herauszugeben.

Berlin, im April 1919.

RUDOLF ROTHE

EINLEITUNG

Eine Landkarte, die einen nicht zu großen Teil der Erdoberfläche darstellt, gibt im großen und ganzen das Bild wieder, das sich einem senkrecht darüber befindlichen Beobachter aus solcher Höhe darbietet, wo für ihn die Höhenunterschiede des Geländes unmerklich geworden sind. Um diese Höhenunterschiede in der Karte dennoch kenntlich zu machen, pflegt man eine genügende Anzahl von Punkten durch beigesetzte Höhenzahlen (Koten) zu bezeichnen, die ihre senkrechte Entfernung von einer gedachten Horizontalebene, meist dem Meeresspiegel, in einer gewählten Längeneinheit, z. B. in Metern, angeben. Auf diese Weise entsteht eine mehr oder weniger getreue Darstellung (kotierter Riß) der Erdoberfläche mit ihren Erhebungen und Senken; oder in allgemeinerer Bedeutung, es entsteht die Darstellung einer *Geländefläche* oder *topographischen Fläche*, worunter in der Regel eine solche verstanden wird, die von jeder Senkrechten in genau einem Punkte geschnitten wird; bei manchen, z. B. bei geologischen Betrachtungen, ist diese Bedingung freilich nicht immer erfüllt.

Eine auf der Fläche gelegene Linie, deren sämtliche Punkte die gleiche Höhe (Kote) haben, heißt *Höhenlinie* (Schichtlinie, Niveaulinie, Isohypse), bei Höhen unter dem Meeresspiegel auch Tiefenlinie (Isobathe); sie ist die Schnittlinie der Geländefläche mit einer horizontalen Ebene. Ein abgelassener Teich läßt oft solche Schichtlinien, die Spuren früherer Wasserstände, an seinen Ufern erkennen.

Die Brauchbarkeit und Anschaulichkeit der Darstellung einer Geländefläche durch eine Karte gewinnt erheblich, wenn auf ihr eine genügende Anzahl von Höhenlinien der Art verzeichnet ist, daß ihnen eine Einteilung der Fläche in Schichten gleicher Dicke entspricht (Schichtenplan). Auf dieser Darstellung einer Geländefläche durch ihre Schichtlinien beruht die Möglichkeit, auf zeichnerisch-konstruktiven Wegen eine große Anzahl von Fragen und Aufgaben zu beantworten, wie sie in der Vermessungskunde, Kartenkunde, Geographie, militärischen Topographie, Bauingenieurwissenschaft, Geologie, Bergbaukunde usw. vorkommen können. Die Ausführung der Methoden, die zur zeichnerischen Lösung solcher Fragen dienen, bildet ein wichtiges Mittel der angewandten Geometrie, das sich aus praktischen Bedürfnissen heraus, ursprünglich nautischen und militärischen, entwickelt hat, zuerst in Frankreich, wo die Kenntnis derartiger Dinge noch bis vor hundert Jahren militärisch geheim gehalten wurde.

In dieses Gebiet, das zum Verständnis im allgemeinen nur wenige elementargeometrische Vorkenntnisse erfordert, und dessen Pflege wegen der sofort in die Augen springenden praktischen Verwendbarkeit besonders reizvoll und anregend ist, will die vorliegende Schrift eine Einführung geben.

Es wird zweckmäßig sein, zunächst auch auf einige grundlegende geometrische Begriffe und Konstruktionen einzugehen, auf denen die alsdann zu besprechenden Aufgaben über Geländeflächen beruhen.

I. GRUNDBEGRIFFE UND ELEMENTARE KONSTRUKTIONEN ÜBER KOTIERTE PROJEKTIONEN

§ 1. **Kotierte Projektion.** Ein Punkt P' des Raumes ist durch Angabe seiner senkrechten Grundrißprojektion P auf eine Horizontalebene (Rißebene, Zeichenebene) und der Maßzahl k seines senkrechten Abstandes (Höhenzahl, Kote) von der Ebene, gemessen in Einheiten des Höhenmaßstabs, eindeutig bestimmt: *kotierte Projektion.* Eine Karte mit Höhenangaben ist also eine geometrische Grundrißdarstellung eines Geländes durch kotierte Projektionen: *kotierte Ebene.*

Zwei Punkte P_1' und P_2' bestimmen eine Gerade g'. Zur Ermittelung des spitzen Winkels φ, unter dem g' gegen die Horizontalebene geneigt ist, und der Entfernung $P_1'P_2'$ (*Luftlinie*) konstruiert man in der Zeichenebene das rechtwinklige Dreieck mit den Katheten P_1P_2 und $P_2P_2^* = k_2 - k_1$, aus dem die gewünschten Größen mit Transporteur und Maßstab zu entnehmen sind (Fig. 1 und 2).

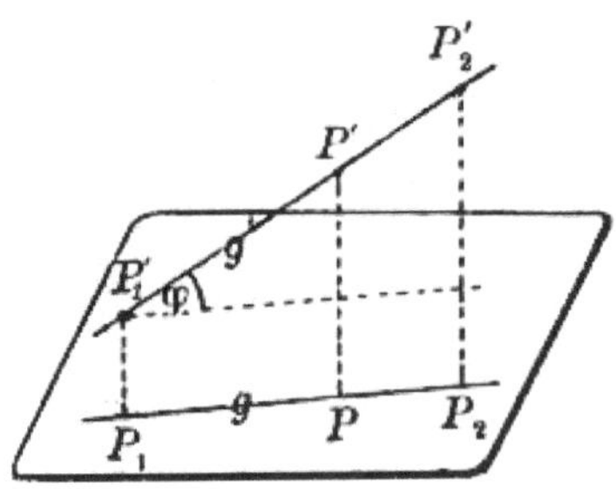

Fig. 1.

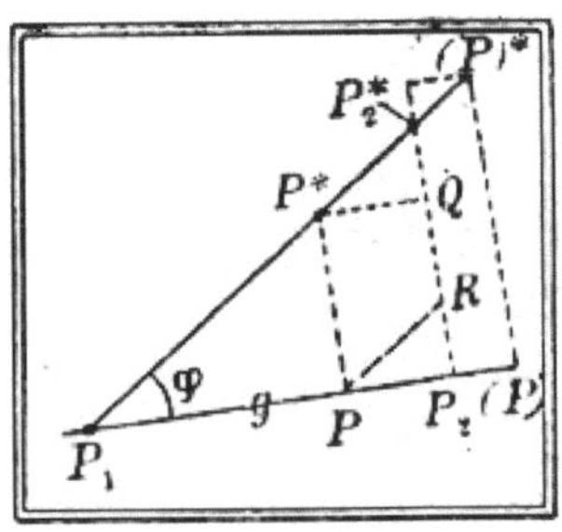

Fig. 2.

Übrigens heißt φ der *Fallwinkel*, tg φ das *Gefälle*, der *Anstieg* oder die *Böschung* der Geraden g'.

Da man es im folgenden immer mit der Zeichnung in der Rißebene zu tun hat, so spricht man in der Regel von dem Fallwinkel, dem Gefälle usw.

der gezeichneten Geraden g, der Projektion von g', obwohl man darunter natürlich stets die Größen meint, die g' selbst zukommen. Darauf ist in Zukunft zu achten.

§ 2. **Maßstab der Zeichnung.** Die Abmessungen der Zeichnung werden meist mit denen der Wirklichkeit nicht übereinstimmen, sondern geben sie in verkleinerten Maßstäben wieder. Verhalten sich z. B. die Horizontalentfernungen der Zeichnung zu denen der Wirklichkeit wie 1 : α (bei den preußischen Meßtischblättern wie 1 : 25 000), die gezeichneten Höhen zu den wirklichen wie 1 : β, so ist die wirkliche Entfernung nicht mehr

$$l = \sqrt{P_1P_2^2 + (k_1 - k_2)^2},$$

sondern sie ist

$$L = \sqrt{\alpha^2 \cdot P_1P_2^2 + \beta^2 \cdot (k_1 - k_2)^2},$$

und der Neigungswinkel im allgemeinen nicht φ, so daß

$$\operatorname{tg} \varphi = {}^{k_2 - k_1}/_{P_1P_2},$$

sondern gleich Φ, so daß

$$\operatorname{tg} \Phi = {}^{\beta}/_{\alpha} \cdot {}^{k_2 - k_1}/_{P_1P_2}.$$

Nur wenn $\beta = \alpha$, wenn also Horizontalentfernungen und Höhen im selben Maßstab 1 : α aufgetragen sind, ist $L = \alpha l$, $\Phi = \varphi$. Obwohl das praktisch selten angängig ist – meist ist $\beta > \alpha$; Überhöhung –, wird es im folgenden, wo nichts anderes gesagt ist, doch der Einfachheit wegen stets vorausgesetzt, zumal viele Konstruktionen von der Wahl der Maßstäbe ganz unabhängig sind.

§ 3. **Einschalten eines Punktes.** Die Fig. 2 zeigt auch, wie man die Kote k eines beliebigen, auf g gelegenen Punktes P ermittelt, denn es ist $PP^* = k - k_1$. Sie zeigt ferner, wie man bei gegebener Höhenzahl k den zugehörigen Punkt P auf der Geraden g konstruiert: Man trägt, unter Rücksicht auf das Vorzeichen der Kotenunterschiede, auf $P_2P_2^* = k_2 - k_1$ die Strecke $k_2 - k$ ab, entweder von P_2^* aus bis Q und zieht dann die Parallele QP^* zu P_2P_1, oder besser von P_2 aus bis R und zieht dann die Parallele RP zu $P_2^*P_1$; wenn $k_2 - k_1$ und $k_2 - k$ verschiedenes Vorzeichen haben, muß man $k_2 - k$ an $P_2P_2^*$ verlängernd antragen, wie es bei der Konstruktion von (P) geschehen ist. Übrigens sind diese Konstruktionen weder davon, daß $P_2P_2^* \perp P_2P_1$ ist, noch von dem gewählten Höhenmaßstab abhängig. Auch rechnerisch, sehr bequem und ausreichend genau mittels des Rechenschiebers, läßt sich die Kote von P nach der Formel

$$k = k_1 + {}^{P_2P}/_{P_1P_2} \cdot (k_2 - k_1)$$

bestimmen.

§ 4. **Stufung (Graduierung) einer Geraden.** Durch Wiederholung der eben beschriebenen Konstruktion kann man auf einer durch zwei Punkte P_1P_2 eines kotierten Risses gegebenen Geraden g solche Punkte bestimmen, deren Höhenzahlen von Einheit zu Einheit, oder von 10 zu 10 Einheiten oder dergleichen, fortschreiten, wie das in Fig. 3 mit bestimmten Werten ausgeführt ist. In P_2 ist an g unter beliebigem Winkel die Strecke $P_2P_2^*$ in Länge von 22,6 – 18,7 = 3,9 beliebigen Einheiten angetragen und auf ihr in denselben Einheiten 22,6 – 22 = 0,6, 22,6 – 21 = 1,6 usw. abgetragen; die Parallelen durch die erhaltenen Punkte schneiden auf g die *Stufung* (*Graduierung*) oder den *Gefällemaßstab* aus. Die gestufte Gerade erscheint wie ein aus großer Höhe gesehener Steigbaum mit Sprossen.

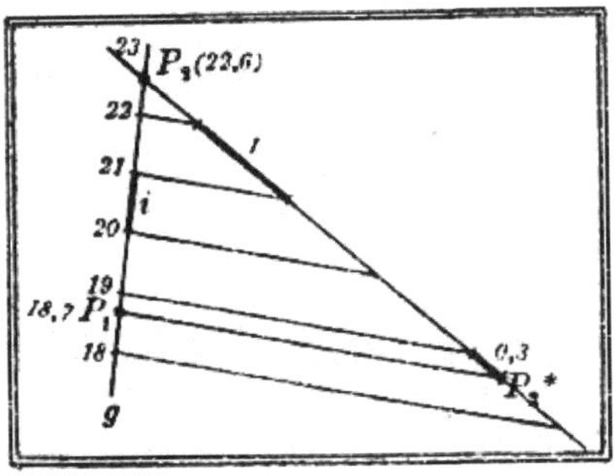

Fig. 3.

Eine lotrechte Gerade hat als Projektion einen Punkt und ist durch dessen Angabe eindeutig bestimmt. Eine wagerechte Gerade hat keinen Gefällemaßstab; sie ist durch ihre Projektion und durch Angabe der Höhe irgendeines ihrer Punkte eindeutig bestimmt.

§ 5. **Intervall.** Die Entfernung zweier aufeinanderfolgender Punkte des Gefällemaßstabes einer gestuften Geraden, gemessen in der Rißebene, heißt ihr *Intervall* i, und eine leichte geometrische Überlegung oder auch die in § 2 gegebene Formel für das Gefälle ergibt tg $\varphi = 1 : i$. Je steiler also die Gerade ansteigt, um so kleiner ist ihr Intervall, um so enger ihre Graduierung.

§ 6. **Schnitt zweier Geraden.** Zwei Geraden g_1', g_2' des Raumes schneiden sich dann und nur dann, wenn ihre Projektionen g_1, g_2 einen Punkt *mit gleicher Kote* gemeinsam haben; sie sind parallel, wenn ihre Gefällemaßstäbe durch Parallelverschiebung zur Deckung gebracht werden können, d. h. wenn erstens g_1 parallel zu g_2, zweitens $i_1 = i_2$ ist, und drittens die Graduierungen von g_1 und g_2 denselben Richtungssinn haben. Ist die dritte Bedingung nicht erfüllt, so sind die beiden Geraden g_1', g_2' nicht parallel, sondern jede von ihnen ist zu der Geraden, die sich durch irgendeinen ihrer Punkte parallel zur

anderen ziehen läßt (z. B. $g_2'' \,||\, g_2'$), symmetrisch bezüglich des Lotes durch diesen Punkt (Fig. 4).

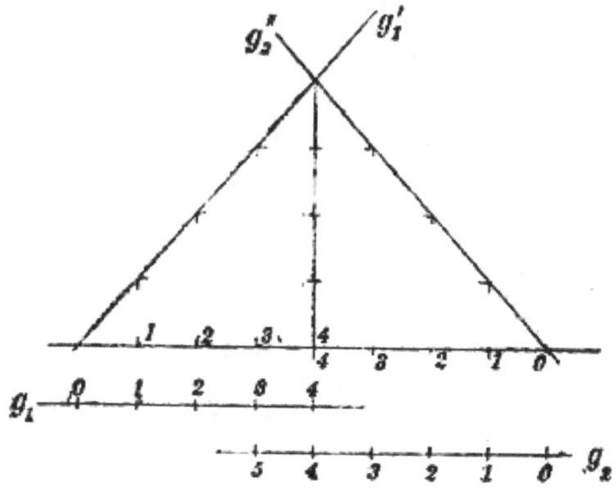

Fig. 4.

Wenn g_1 und g_2 zusammenfallen, liegen g_1', g_2' in derselben lotrechten Ebene; der Winkel ψ von g_1' und g_2' ist in einem Dreieck zu finden (Fig. 5 u. 6), dessen Grundlinie durch Zusammenfügen von i_1 und i_2 (mit Berücksichtigung des Richtungssinns) entsteht, und dessen Höhe, die in dem i_1 und i_2 gemeinsamen Punkt zu errichten ist, gleich der Einheit des Höhenmaßstabes ist. Der Schnittwinkel ψ ist ein rechter, wenn die Höhe 1 die mittlere Proportionale zwischen i_1 und i_2 ist, d. h. wenn

$$i_2 = 1 : i_1,$$

und überdies die Graduierungen entgegengesetzten Sinn haben.

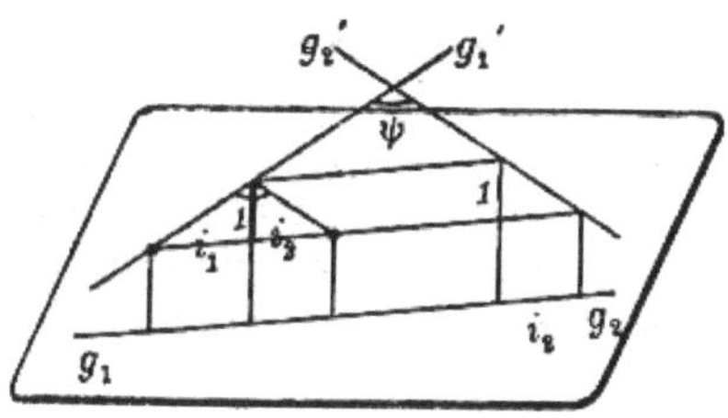

Fig. 5.

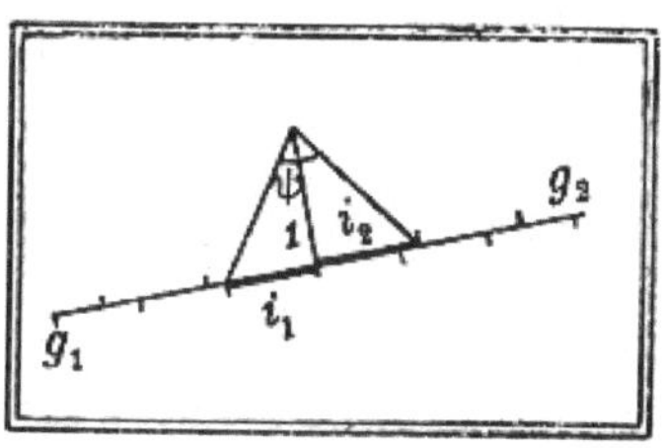

Fig. 6.

§ 7. **Ebene.** Zwei sich schneidende oder parallele Geraden des Raumes bestimmen eine Ebene. Nachdem die beiden Geraden gestuft sind, lassen sich die *Schichtlinien* der Ebene als Verbindungsgeraden der Punkte gleicher Höhenzahlen konstruieren; sie sind also parallele Geraden. Wenn umgekehrt die Verbindungsgeraden je zweier und daher aller Punkte gleicher Höhenzahlen auf zwei gestuften Geraden einander parallel sind, dann liegen die Geraden in einer Ebene, d. h. schneiden sich, wie in Fig. 7 g_1 und g_2, oder sind parallel, wie g_1 und g_3; andernfalls kreuzen sie sich, wie g_2 und g_3.

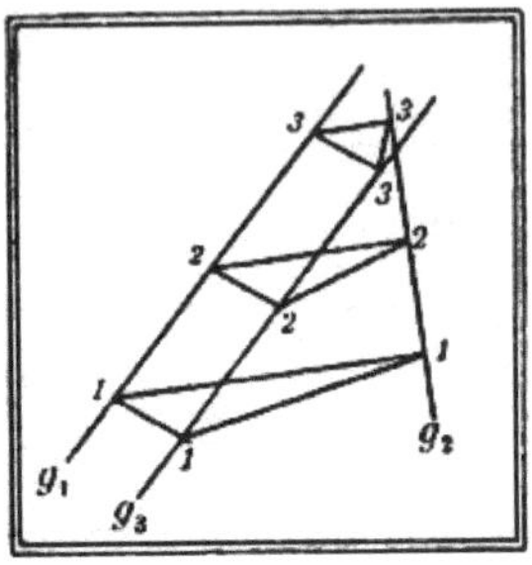

Fig. 7.

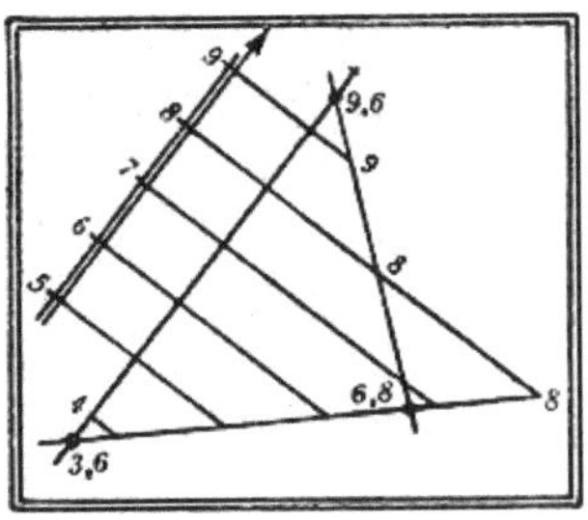

Fig. 8.

§ 8. **Gefällemaßstab.** Die zu den Schichtlinien senkrechten Geraden der Ebene heißen ihre *Fallinien*[1]; durch die Schnittpunkte mit den Schichtlinien werden sie graduiert. Eine Ebene ist durch eine gestufte Fallinie, ihren *Gefälle-* oder *Böschungsmaßstab*, eindeutig gegeben; man pflegt ihn als gestufte Doppelgerade (Fig. 8) zu zeichnen, wobei die stärker ausgezogene oder mit einer Pfeilspitze versehene als die eigentliche Fallinie gelten soll. Der Gefällemaßstab einer Ebene erscheint danach wie eine aus großer Höhe gesehene Leiter mit ihren Sprossen.

1 In der Fig. 8 verläuft die Gerade 3,6 … 9,6 zufällig wie eine Fallinie.

§ 9. *Aufgabe.* Durch drei kotierte Punkte eine Ebene zu legen. Man verbindet die Punkte durch drei Geraden, graduiert diese nach § 4, zeichnet durch Verbindung gleichkotierter Punkte der Geraden die Schichtlinien der Ebene und danach senkrecht zu diesen den Gefällemaßstab (Fig. 8).

§ 10. **Böschung, Fallen und Streichen.** Der Fallwinkel φ der Fallinien heißt das *Einfallen* oder das *Fallen* der Ebene, tg φ ihre *Böschung*, die durch zunehmende Höhen gegebene Richtung der Fallinien die *Anstiegsrichtung* der Ebene. Unter Streichrichtung versteht man diejenige Richtung der Schichtlinien – die daher bei der Ebene auch *Streichlinien* heißen –, von der aus man im mathematisch positiven, d. h. dem Uhrzeigerlaufe entgegengesetzten Sinne um einen rechten Winkel zu drehen hat, um die Anstiegsrichtung der Ebene zu erhalten. Der Winkel σ, um den man von einer festen (SN)-Richtung aus im positiven Sinne zu drehen hat, um die Streichrichtung zu erhalten, heißt das *Streichen* der Ebene (Fig. 9).

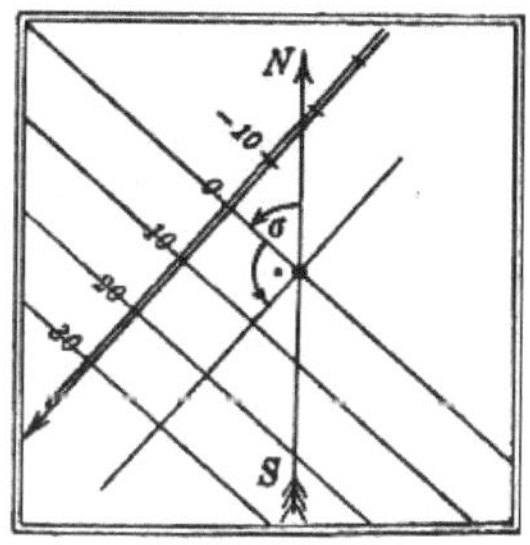

Fig. 9.

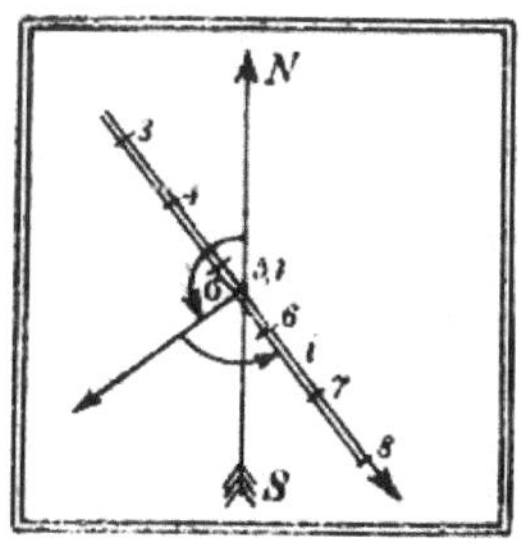

Fig. 10.

Die Begriffe und Bezeichnungen des Fallens und Streichens einer Ebene sind, wenn auch nicht immer eindeutig genug erklärt, dem Bergmanne und Geologen sehr geläufig, weil durch die leicht ausführbare Messung dieser Winkel an einem der Lage nach bekannten Orte auch die Lage der Ebene, z. B. einer erzführenden ebenen oder als nahezu eben anzunehmenden Schicht, vollständig bestimmt ist.

§ 11. *Aufgabe.* Um die soeben angedeutete Aufgabe zu lösen, d. h. um in einer Karte die Ebene zu konstruieren, von der man an einem bekannten Punkte A (k = 5,4) das Fallen φ (= 30°) und Streichen σ (= 125°) beobachtet hat, legt man zunächst durch Antragen des Winkels σ an die SN-Richtung die Streichrichtung und weiter nach positiver Drehung um 90° die Anstiegsrichtung der Ebene fest. Ein rechtwinkliges Hilfsdreieck, in dem die

Kathete die Höheneinheit, der gegenüberliegende Winkel gleich φ ist, liefert als andere Kathete das Intervall einer Fallinie. Wählt man als Gefällemaßstab der Ebene die durch den Punkt *A* hindurchgehende Fallinie, so hat man von *A* aus in der Anstiegsrichtung 0,6 · *i* abzutragen, um den Punkt der runden Höhenzahl 6 zu finden und danach die Stufung vorzunehmen (Fig. 10).

§ 12. **Schnittgerade zweier Ebenen.** Zwei nicht parallele Ebenen schneiden sich in einer Geraden. In der Karte der Ebenen erhält man diese Gerade und zugleich ihre Stufung im allgemeinen als Ort der Schnittpunkte gleichkotierter Schichtlinien (Fig. 11).

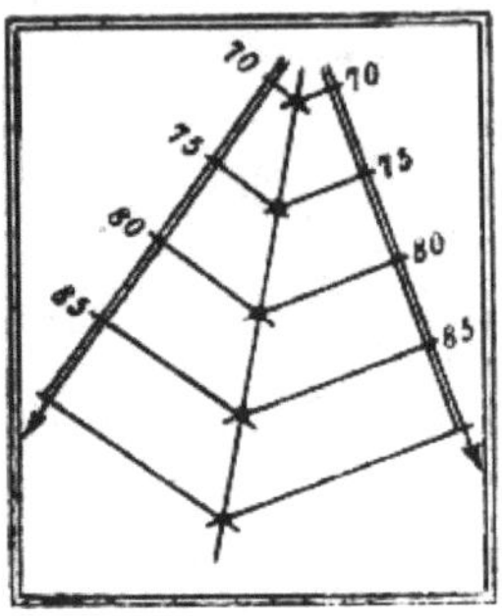

Fig. 11.

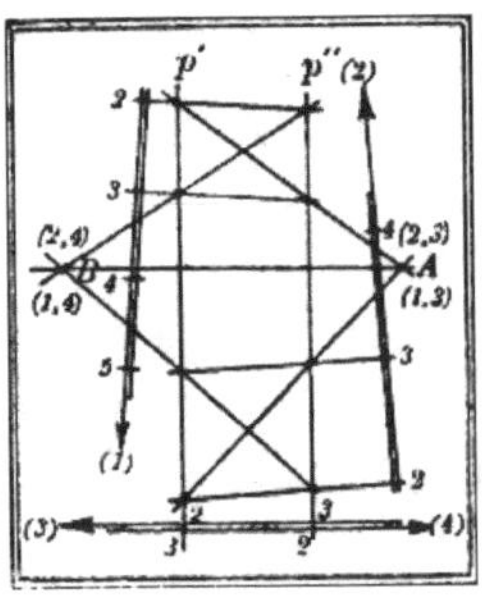

Fig. 12.

Das Verfahren versagt jedoch um so mehr, je mehr die Schichtlinien der beiden Ebenen einander parallel werden. Dann schneidet man die beiden Ebenen (1) und (2) durch eine beliebige Hilfsebene (3) in geeigneter Lage, bestimmt die Schnittgeraden (1, 3) und (2, 3) und deren Schnittpunkt *A*, der auf der Schnittgeraden (1, 2) gelegen sein muß. Eine zweite Hilfsebene (4) bestimmt ebenso die Schnittgeraden (1, 4) und (2, 4) und deren Schnittpunkt *B*; durch *A* und *B* ist aber die gesuchte Schnittgerade (1, 2) völlig bestimmt (Fig. 12). Zweckmäßig, und in der Figur ist das so ausgeführt, wählt man die zweite Hilfsebene (4) so, daß ihr Gefällemaßstab der gleiche, aber entgegengesetzt gerichtete zu dem von (3) ist. Da er ganz willkürlich ist, so genügt es zur wirklichen Ausführung der Konstruktion, die Schichtlinien der beiden gegebenen Ebenen durch zwei Parallelen p', p'' in beliebigem Abstand zu schneiden.

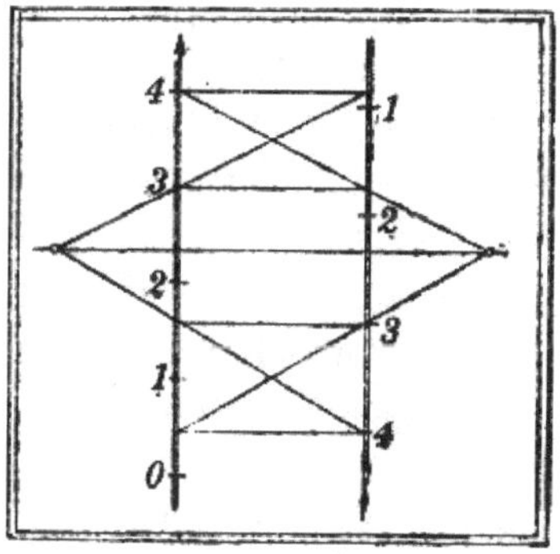

Fig. 13.

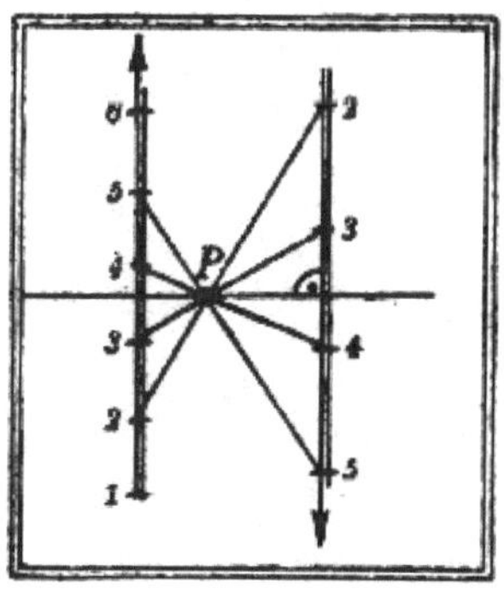

Fig. 14.

§ 13. **Ebenen mit parallelen Gefällemaßstäben.** Dieses Verfahren ist auch anwendbar, wenn die Schichtlinien der beiden gegebenen Ebenen, also auch ihre Gefällemaßstäbe genau parallel sind; man kann alsdann p', p'' mit diesen zusammenfallen lassen. Die Schnittgerade steht jetzt senkrecht auf den beiden Gefällemaßstäben, weil sie die gemeinsame Schichtlinie der beiden Ebenen ist (Fig. 13).

Für den Fall zweier Ebenen mit parallelen Schichtlinien läßt sich auch folgende Konstruktion ausführen. Man denke sich die Punkte gleicher Höhenzahlen der beiden parallelen Gefällemaßstäbe durch Geraden verbunden; je zwei werden in ihrem Schnittpunkt wegen der Ähnlichkeit der entstehenden Scheiteldreiecke im Verhältnis der Intervalle der beiden Gefällemaßstäbe geteilt, sie haben also alle denselben Schnittpunkt *P*. Er muß ein Punkt der gesuchten Schnittgeraden sein, weil diese auch zwei Punkte gleicher Höhenzahlen verbindet. Die Schnittgerade ist also das Lot durch *P* auf den gegebenen Gefällemaßstäben (Fig. 14).

§ 14. **Ebenen gleicher Böschung.** Jeder Punkt der Schnittgeraden zweier Ebenen gleicher Böschung hat von zwei gleichkotierten Streichlinien der Ebenen dieselbe Entfernung; denn (Fig. 15) *PA* und *PB* sind Stücke zwischen gleichkotierten Punkten auf gleichgraduierten Fallinien. Die Schnittgerade halbiert ferner in der Horizontalprojektion den Winkel der beiden Schichtlinien; das folgt aus der Kongruenz der beiden rechtwinkligen Dreiecke *PAC* und *PBC*.

Diese Sätze gelten auch, wenn die gerichteten Fallinien der beiden Ebenen miteinander einen gestreckten Winkel bilden. Die Schnittgerade ist dann die Streichlinie, die durch den beiden Fallinien gemeinsamen Punkt derselben Höhenzahl hindurchgeht.

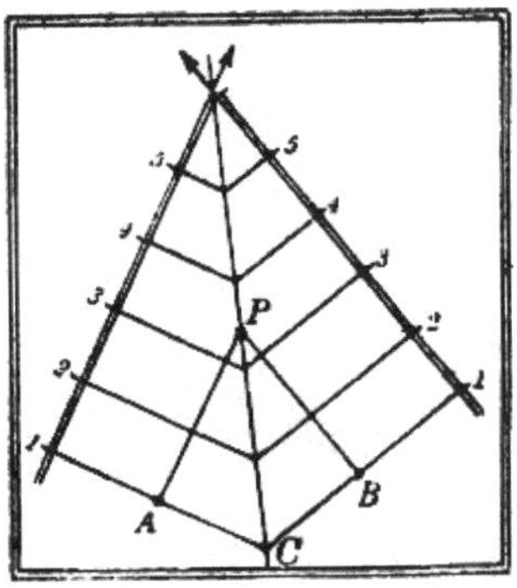

Fig. 15.

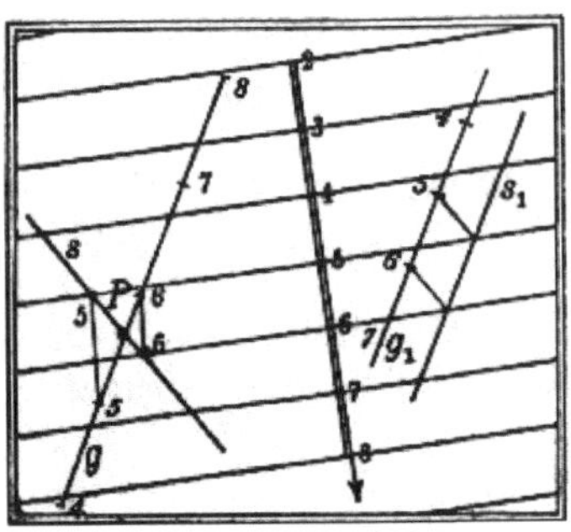

Fig. 16.

§ 15. **Schnittpunkt einer Geraden mit einer Ebene.** Man legt durch die gegebene Gerade *g* (Fig. 16) eine beliebige Hilfsebene, von der irgend zwei Streichlinien genügen, und ermittelt deren Schnittpunkte mit den gleichkotierten Schichtlinien der gegebenen Ebene; damit ist die Schnittgerade *s* beider Ebenen bestimmt, und dadurch der gesuchte Punkt *P* als Schnittpunkt von *s* mit *g*. Sind die Schnittgerade und die gegebene Gerade einander parallel, wie in der Figur s_1 und g_1, so ist auch die gegebene Gerade der Ebene parallel; der Gefällemaßstab der Geraden kann durch

Parallelverschiebung mit demjenigen zur Deckung gebracht werden, den die Streichlinien der Ebene auf ihr ausschneiden.

Um den Abstand der Ebene von der parallelen Geraden zu bestimmen, ist nur von irgendeinem ihrer Punkte ein Lot auf die Ebene zu fällen und dessen Länge zu ermitteln, wie das sogleich gezeigt werden wird.

§ 16. **Lot von einem Punkte auf eine Ebene.** Man legt durch den gegebenen Punkt *P* (Fig. 17) eine Vertikalebene, die zugleich auf der gegebenen senkrecht steht, sie demnach in einer Fallinie, also in einer Parallelen zum gegebenen Gefällemaßstab *e* der Ebene schneidet. Das gesuchte Lot steht auf dieser Fallinie senkrecht; nach § 6 ist demnach seine Graduierung entgegengesetzt und sein Intervall *i* reziprok zu dem des Gefällemaßstabes *e*, also aus dem in der Figur angegebenen Dreieck *ABC* zu entnehmen. Das gestufte Lot *l* stellt zugleich den Gefällemaßstab einer Ebene dar, die die gegebene längs einer Schichtlinie schneidet, nämlich derjenigen, die durch den Fußpunkt *F* des Lotes geht. Man zeichnet diese nach § 13, Fig. 14 und danach die wahre Lotlänge *FQ* nach § 1, wobei in der Figur *PR* die Höheneinheit ist.

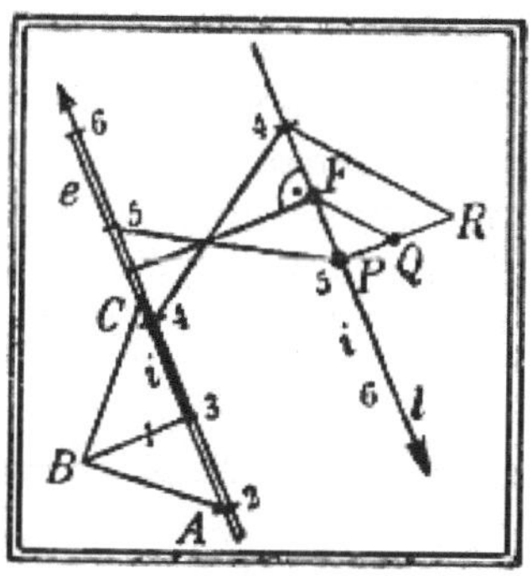

Fig. 17.

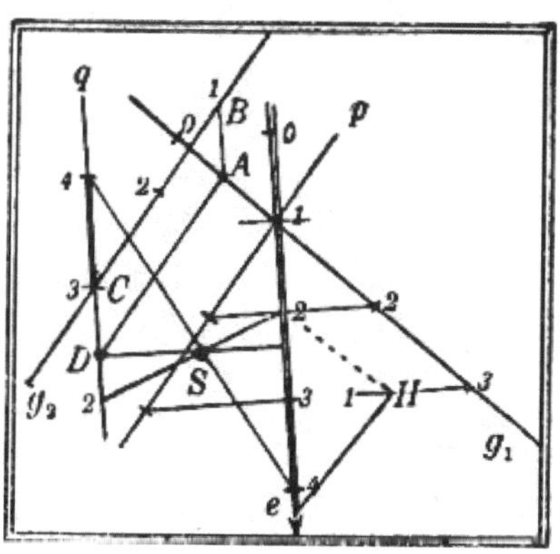

Fig. 18.

Zur Konstruktion des Fußpunktes des Lotes ist übrigens nur erforderlich, seinen Durchschnittspunkt mit der Ebene wie oben (§ 15) zu ermitteln.

§ 17. **Kürzester Abstand zweier windschiefer Geraden.** Wenn man (Fig. 18) durch die eine, g_1, der beiden gegebenen windschiefen Geraden eine Ebene parallel zur anderen, g_2, legt und sodann von irgendeinem Punkte *C* der Geraden g_2 das Lot *CD* auf diese Ebene fällt, so hat *CD* dieselbe Länge wie der gesuchte kürzeste Abstand selbst. Wenn man ferner in der Ebene durch *D* die Parallele zu g_2 zieht, so schneidet sie g_1 im Punkte *A*, dem einen Endpunkte des gesuchten kürzesten Abstandes; der andere, *B*, liegt auf g_2 als Schnittpunkt des in *A* auf der Ebene errichteten Lotes *AB*. Die Konstruktion ist danach folgendermaßen: Man legt durch einen beliebigen Punkt (1) der einen Geraden g_1 eine Parallele *p* zur zweiten g_2, so daß also *p* und g_2 gleiche Stufungen haben. Durch *p* und g_1 ist eine zu g_2 parallele Ebene bestimmt, deren Schichtlinien sich durch Verbindung gleichkotierter Punkte von *p* und g_1 ergeben; *e* sei ihr Gefällemaßstab. Nun fällt man von irgendeinem Punkte *C* (= 3) von g_2 das Lot *CD* auf diese Ebene, entsprechend dem Vorhergehenden: das Dreieck mit dem rechten Winkel bei *H*, dessen Höhe gleich der Einheit des Höhenmaßstabes ist, liefert das (in der Figur stark ausgezogene) Intervall, das zu dem von *e* reziprok ist, und mit dem die durch *C* parallel zu *e* gezogene Gerade *q* entgegengesetzt zu *e* graduiert wird; vom Schnittpunkt *S* der Verbindungsgeraden 2–2, 4–4 gleichkotierter Punkte auf *q* und *e* ist die Senkrechte *SD* auf *q* gefällt, die den Fußpunkt *D* des gesuchten Lotes ergibt. Durch ihn zieht man die Parallele zu g_2, die g_1 im Fußpunkt *A* des gesuchten kürzesten Abstandes schneidet. Den anderen Endpunkt *B* findet man durch *AB* | | *CD*.

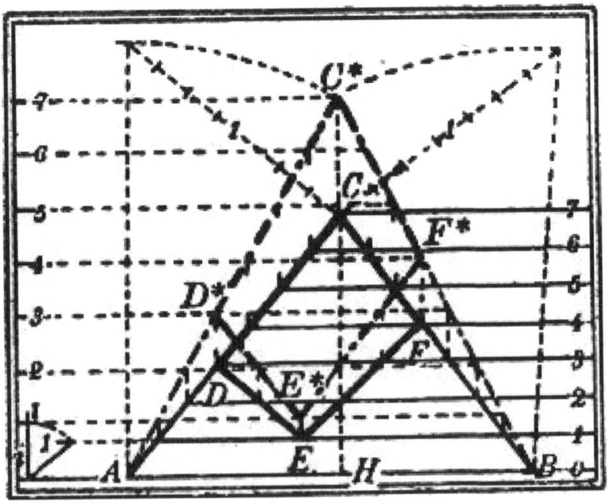

Fig. 19.

§ 18. **Drehen einer Ebene um eine Streichlinie in die wagerechte Lage.** Es kommt oft vor, daß man in einer durch ihren Gefällemaßstab gegebenen Ebene Messungen von Winkeln oder Längen, oder Konstruktionen maßstäblicher Natur auszuführen hat; das ist nicht ohne weiteres möglich, wenn die Ebene nicht zur Zeichenebene parallel, also nicht wagerecht ist. Man hat sie vielmehr erst in die wagerechte Lage zu bringen, zweckmäßig durch Drehung um eine Streichlinie. Es sei (Fig. 19) *AB* (Höhe 0) diese Streichlinie einer Ebene, deren Gefällemaßstab rechts in der Figur zu sehen ist. Durch Drehung geht die Schar der Streichlinien in eine andere dazu parallele Schar über, die mit der ursprünglichen die Streichlinie *AB* gemeinsam hat. In wagerechter Lage der Ebene ist der Abstand zweier Streichlinien mit dem ursprünglichen Höhenunterschied 1 die Hypotenuse in dem Dreieck, dessen Katheten das ursprüngliche Intervall *i* und die Einheit des Höhenmaßstabes sind (in der Figur links angegeben). Bei der Drehung beschreibt jeder Punkt *C* einen Kreis, dessen Ebene zu *AB* senkrecht ist und daher die Rißebene in dem Lot *CH* auf *AB* schneidet. Um also den Punkt C^* zu finden, in den *C* nach der Drehung übergeht, hat man nur die mit *C* gleichkotierte Schichtlinie (in der Figur die mit der Höhenzahl 7) nach der Drehung mit diesem Lot zum Schnitt zu bringen.

Auf diese Weise läßt sich die wahre Gestalt einer Figur *CDEF* der gegebenen Ebene als $C^*D^*E^*F^*$ konstruieren; also auch z. B. die wahre Größe des Schnittwinkels zweier Geraden *AC* und *BC* als Winkel AC^*B. Eine nützliche Kontrolle besteht in der Konstruktion der wahren Längen von *AC* und *BC* als AC^* und BC^* nach § 1, wie in der Figur angegeben.

Durch Umkehrung der Konstruktion kann man eine gegebene Figur in eine durch ihren Gefällemaßstab gegebene Ebene einzeichnen.

§ 19. **Schnittwinkel zweier Ebenen.** Wenn man von irgendeinem Punkte, der auf keiner der beiden Ebenen gelegen ist, auf diese die beiden Lote fällt, so schließen sie miteinander dieselben Winkel ein wie die beiden Ebenen. In § 16 ist das Fällen eines Lotes auf eine Ebene gezeigt worden. Durch diese beiden Lote ist eine Ebene bestimmt. Dreht man nun diese Ebene der beiden Lote um eine ihrer Schichtlinien, d. h. um eine Verbindungsgerade gleichkotierter Punkte der Lote, in die wagerechte Lage (nach § 18), so erhält man die gesuchten Schnittwinkel in wahrer Größe. Der Leser führe danach die Konstruktion aus.

Eine etwas andere Lösung der Aufgabe ist folgende. Man zeichnet zuerst nach § 12 die Schnittgerade beider Ebenen als geometrischen Ort der Schnittpunkte gleichhoher Streichlinien, sodann irgendeine, diese Schnittgerade senkrecht schneidende Hilfsebene; ihr Böschungsmaßstab läuft parallel zur Projektion der Schnittgeraden. Diese Hilfsebene schneidet die beiden gegebenen Ebenen in zwei Geraden, die die gesuchten Winkel miteinander einschließen. Dreht man also die Hilfsebene um eine ihrer Schichtlinien in die wagerechte Lage, so erhält man dadurch auch die Schnittwinkel der beiden gegebenen Ebenen in wahrer Größe.

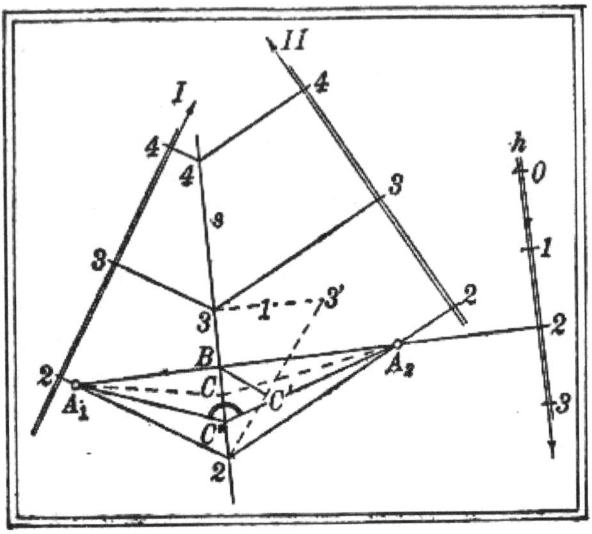

Fig. 20.

Die Durchführung der Konstruktion ist aus der Fig. 20 zu entnehmen: I und II sind die Gefällemaßstäbe der beiden gegebenen Ebenen, *s* ihre Schnittgerade, *h* der Gefällemaßstab der auf *s* senkrechten Hilfsebene, dessen Intervall reziprok und entgegengesetzt zu dem von *s* ist. Irgendeine Schichtlinie der Hilfsebene schneidet die gleichhohen Schichtlinien von I und II in je einem Punkte A_1, A_2. Ist *C* die Projektion des Schnittpunktes der Hilfsebene mit der Geraden *s* (§ 15), so enthält das Dreieck, dessen Projektion A_1CA_2 ist, bei *C* einen der gesuchten Winkel, und man findet seine wahre Größe durch Drehung dieses Dreiecks um die Gerade A_1A_2 in die wagrechte Lage $A_1C^*A_2$. Den Punkt C^* findet man einfach, wenn man durch *s* einen Vertikalschnitt legt und diesen in die wagerechte Lage umklappt. Es entsteht das rechtwinklige Dreieck 233' (worin 33' der Höheneinheit gleich ist), und das Lot, das vom Schnittpunkte *B* von A_1A_2 mit *s* auf die Hypotenuse 23' gefällt werden kann, gibt den Punkt *C'*, in den durch das Umklappen der Scheitel der gesuchten Winkel übergegangen ist. *BC'* ist also die Höhe des oben erwähnten Dreiecks, und man hat mithin nur $BC^* = BC'$ von *B* auf *s* abzutragen, um den Punkt C^* zu erhalten. Der Winkel $A_1C^*A_2$ und sein Supplementwinkel sind die gesuchten Schnittwinkel der beiden Ebenen.

§ 20. **Böschungskegel.** Alle durch denselben Punkt gehenden Ebenen gleichen Gefälles umhüllen einen geraden Kreiskegel, den Böschungskegel. Die Böschung der Ebenen heißt auch die des Kegels. Seine Schichtlinien werden in der Projektion durch konzentrische Kreise dargestellt, deren Mittelpunkt die Projektion des Scheitels des Kegels ist. Die Radien der Kreise stellen die Mantelgeraden des Kegels dar, und stimmen, in geeigneter Weise durch die Schichtkreise des Kegels gestuft, auch mit den Gefällemaßstäben der Ebenen überein.

Der Böschungskegel kann zur Konstruktion folgender Aufgaben benutzt werden:

1. *In einer gegebenen Ebene durch einen gegebenen Punkt die Geraden von gegebenem Anstieg zu zeichnen.* Man mache den Punkt zur Spitze des Böschungskegels vom gegebenen Anstieg; seine Schnittlinien mit der Ebene sind die gesuchten Geraden. Zu ihrer Konstruktion genügt es, irgendeinen Schichtkreis des Kegels mit der gleichkotierten Streichlinie der Ebene zum Schnitt zu bringen (Fig. 21).

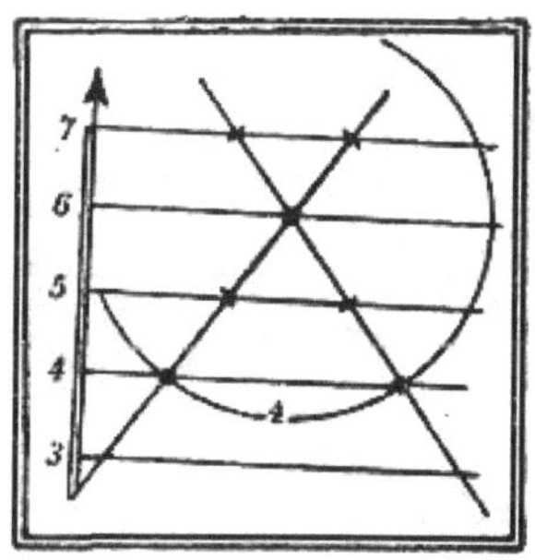

Fig. 21.

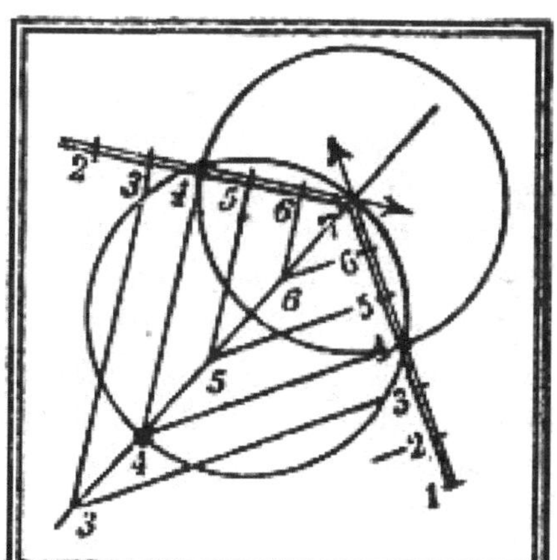

Fig. 22.

2. *Durch eine gegebene Gerade die Ebenen von gegebener Böschung zu legen.* Man mache irgendeinen Punkt der Geraden zur Spitze eines Kegels der gegebenen Böschung; die gesuchten Ebenen sind diejenigen seiner Berührungsebenen, die durch die gegebene Gerade gehen. Man konstruiert sie, indem man von irgendeinem zweiten Punkte der Geraden die beiden Tangenten an den mit ihm gleichkotierten Schichtkreis des Kegels legt (Fig. 22).

Die Lösungen beider Aufgaben werden nicht reell, wenn die Böschung der Ebenen kleiner ist als die der Geraden.

§ 21. **Kreiszylinder, schiefer Kreiskegel, Kugel.** Die Schichtlinien eines schiefen Kreiszylinders mit wagerechter Grundfläche sind Kreise vom selben Radius, deren Mittelpunkte auf der entsprechend der Neigung gestuften Zylinderachse liegen. Ist der Zylinder gerade, so lagern sich alle Schichtkreise kongruent übereinander.

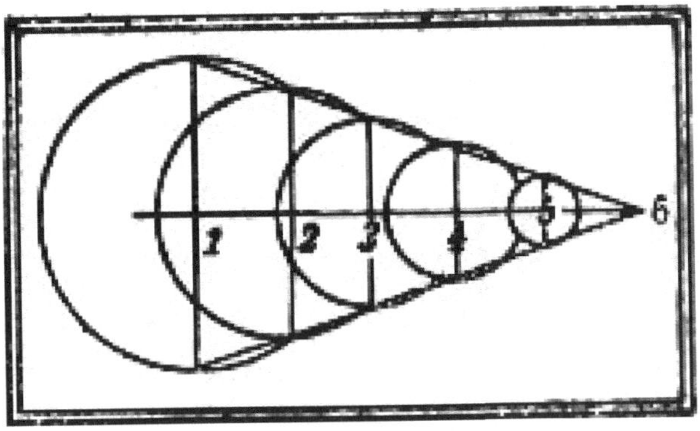

Fig. 23.

Die Schichtlinien eines schiefen Kreiskegels mit wagerechter Grundfläche sind Kreise, deren Mittelpunkte auf der gestuften Projektion der Kegelachse liegen, und deren Radien sich am einfachsten aus demjenigen durch die Achse gelegten ebenen Schnitte ergeben, dessen Schnittfigur ein gleichschenkliges Dreieck ist (Fig. 23).

Die Figur 24 zeigt die Darstellung der oberen Hälfte eines geraden Kreiszylinders mit wagerechter Achse; seine Schichtlinien sind parallele Geraden, seine Halbkreise stellen sich dar als Geraden, die die Schichtlinien senkrecht durchsetzen und von ihnen nach einem leicht aufzustellenden Gesetze ungleichmäßig gestuft werden.

Eine entsprechende Darstellung tritt offenbar auch auf bei einem Zylinder mit beliebigem Querschnitt, wenn nur seine erzeugenden Geraden horizontal verlaufen.

Sind die erzeugenden Geraden des Zylinders nicht horizontal, so bestehen seine Schichtlinien aus kongruenten Kurven, die aus einer von ihnen durch Verschiebung längs der erzeugenden Geraden hervorgehen; aus der Fig. 79 S. 55 ist ein Beispiel dafür zu entnehmen.

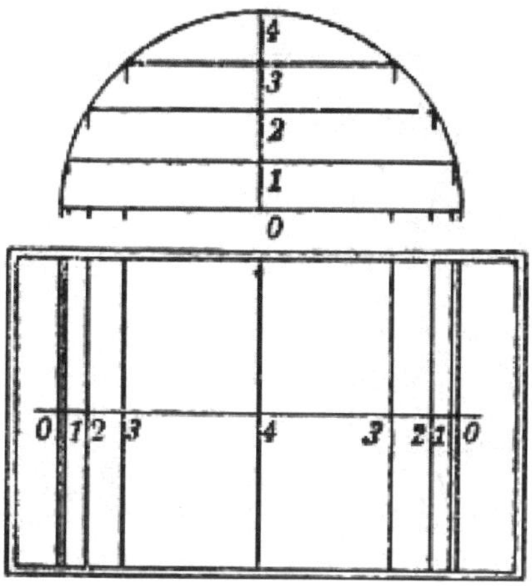

Fig. 24.

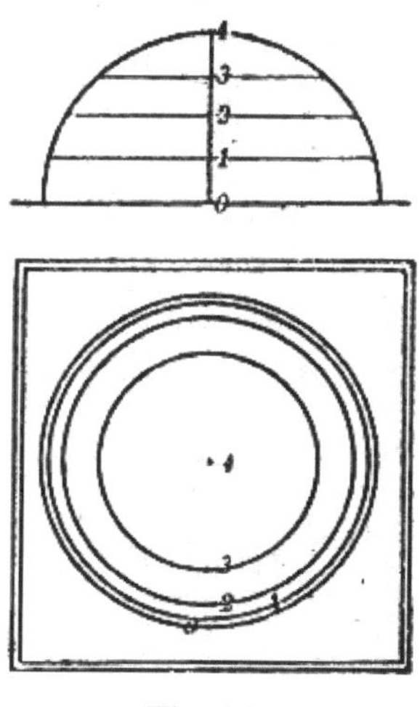

Fig. 25.

Die Schichtlinien einer Halbkugel sind konzentrische Kreise, deren Radien sich aus einem lotrechten Schnitt durch den Mittelpunkt der Kugel ergeben (Fig. 25).

§ 22. **Andere Oberflächen.** Von andern gekrümmten Oberflächen, die sich durch ihre Schichtlinien in einfacher Weise darstellen lassen, seien hier nur beispielsweise folgende erwähnt:

1. Wenn man die gleichkotierten Punkte zweier windschiefer Geraden geradlinig verbindet, so ergibt sich eine windschiefe Fläche mit geradlinigen Schichtlinien, ein *hyperbolisches Paraboloid* (Fig. 26). Sein Umriß, aus sehr großer Höhe von oben gesehen, ist eine Parabel, die auch in der Figur deutlich erkennbar ist.

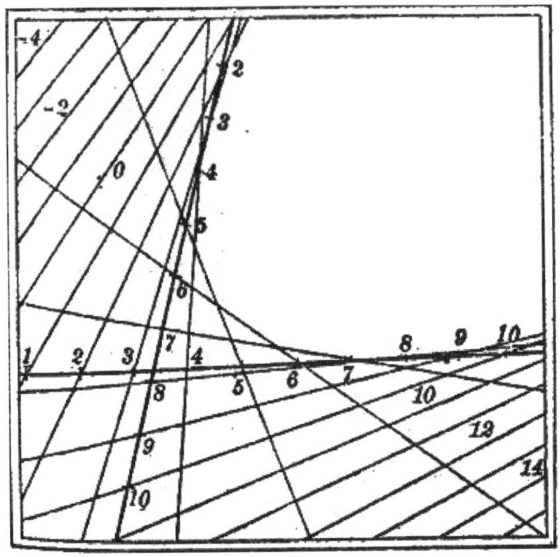

Fig. 26.

2. Der Leser versuche, die Schichtlinien einer gemeinen *Schraubenfläche* mit senkrechter Achse darzustellen, und zwar etwa eine vollständige Windung mit der Ganghöhe 8 Höheneinheiten. Man kann sie sich vorstellen als Wendeltreppe, von der je 8 Stufen einen Umgang bilden.

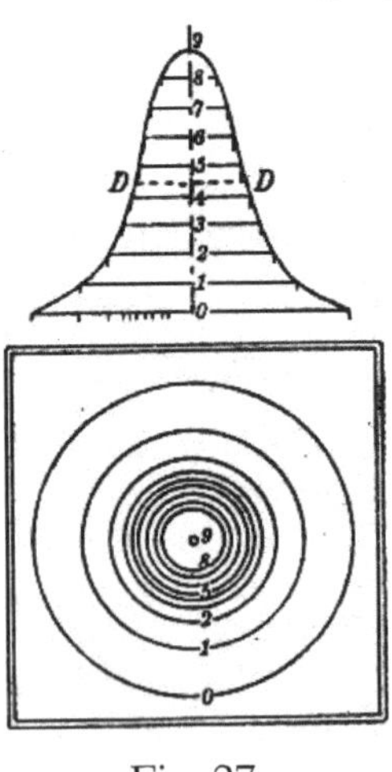

Fig. 27.

3. Die Darstellung einer *Umdrehungsfläche* mit lotrechter Drehachse durch ihre Schichtlinien ergibt ein System konzentrischer Kreise, deren Radien aus einem Achsenschnitt der Fläche entnommen werden können (Fig. 27). Über die Bedeutung der Linie *DD* vgl. § 60 S. 41.

II. ELEMENTARE ANWENDUNGEN

§ 23. **Zweck der Anwendungen.** In diesem Abschnitte wird es sich darum handeln, die Verwendbarkeit der vorher entwickelten Konstruktionen an einigen einfachen Aufgaben zu zeigen. Der Leser wird finden, daß diese Aufgaben fast sämtlich ihre Anregung gewissen praktischen Fragen verdanken, von denen sie, freilich zunächst unter sehr vereinfachenden Annahmen, sozusagen den geometrischen Kern bilden. Es wird für den Leser, der sich damit auch nur ein wenig vertraut machen will, wohl unerläßlich sein, die eine oder andere der Aufgaben selber zeichnerisch in größerem Maßstabe auszuführen. Die einfachsten Zeichenmittel genügen dazu.

§ 24. **Aufführung eines Dammes.** Zwei ebene geneigte Hänge mögen ein Tal bilden, dessen tiefste Linie, der Talweg, die Schnittgerade der beiden Ebenen (§ 12) ist. Es soll ein aus ebenen Flächen gebildeter Damm von gegebenem trapezförmigen Querschnitte, oder auch von gegebener Breite und gegebenen Böschungen (§ 10), aufgeführt werden, von dem die Mittellinie der Dammkrone zwei gegebene gleichkotierte Punkte der beiden Hänge geradlinig verbindet.

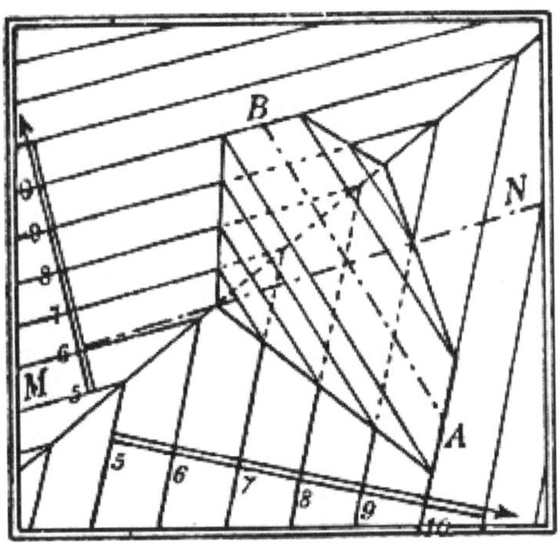

Fig. 28.

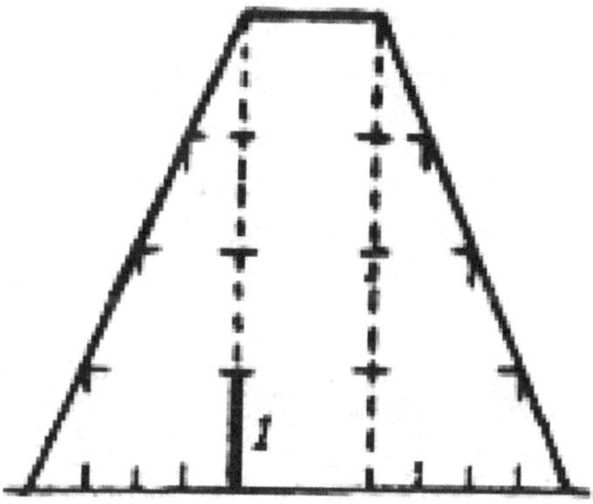

Fig. 28 a.

Man ziehe Parallelen zur Verbindungslinie der beiden gegebenen Punkte *A*, *B* (Fig. 28), und zwar zunächst die beiden die Dammkrone begrenzenden Geraden, sodann je noch irgendeine andere der Schichtgeraden beider Böschungen, deren senkrechte Abstände von der Mittellinie aus dem gegebenen Dammprofil (Fig. 28 a) zu entnehmen sind. Die Schnittpunkte dieser Schichtgeraden mit den gleichkotierten der beiden gegebenen Ebenen (§ 12) sind mit den Ecken des Dammes durch Geraden zu verbinden, die sich auf dem Talwege schneiden müssen.

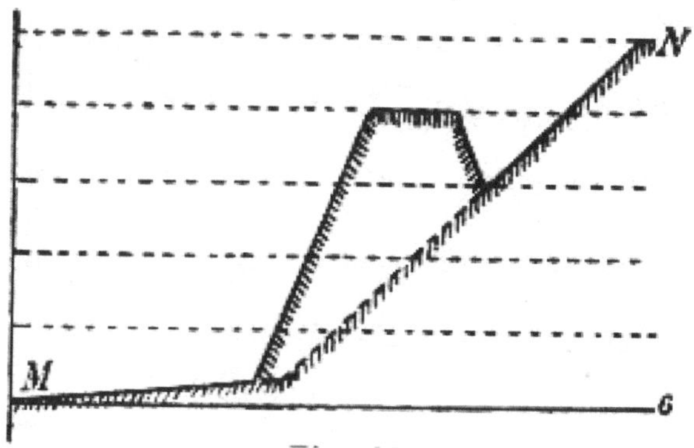

Fig. 29.

Bei der Ausführung der Zeichnung sind nur die sichtbaren Teile der Schichtlinien auszuziehen.

§ 25. **Querprofil.** Durch die in der vorigen Figur 28 gegebene Geländeanordnung längs einer gegebenen Richtung *MN* einen Vertikalschnitt (Querprofil) zu legen.

Da die Begrenzung des verlangten Querprofils nur aus geradlinigen Stücken zusammengesetzt ist, genügt es, von jedem dieser Stücke zwei Punkte zu ermitteln. Man zeichnet die wagerechte Gerade 6–6 und mittels des gegebenen Höhenmaßstabs die erforderlichen Horizontalen in den verschiedenen Höhen, auf denen man, ausgehend von *M*, die horizontalen Abstände der Punkte des gesuchten Querprofils abzutragen hat (Fig. 29).

§ 26. **Anlage eines ebenen Platzes.** Konstruktion eines rechteckigen ebenen Platzes in gegebener Höhe (5) in einem durch zwei ebene Hänge begrenzten Gelände. Böschung (§ 10) des Planums im Auftrage 2 : 3, im Abtrage 3 : 1.

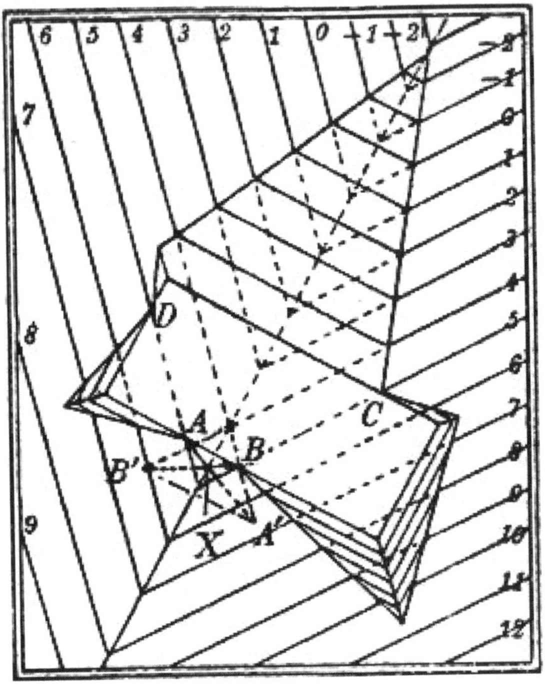

Fig. 30.

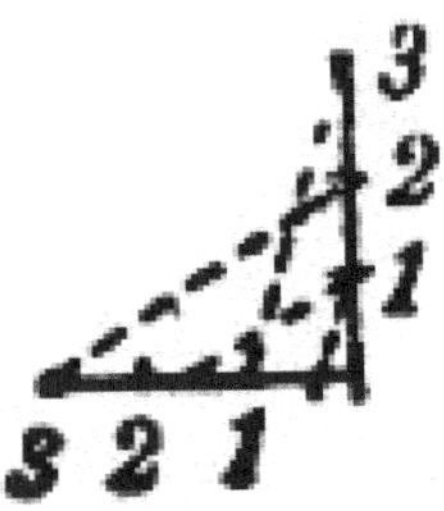

Fig. 30 a.

Man bestimmt zunächst die Schnittpunkte *A*, *B*, *C*, *D* der gleichhohen Schichtlinien (5) der beiden Geländeebenen mit der Begrenzungslinie des Platzes, wodurch ersichtlich wird, an welchen Teilen aufgeschüttet und an welchen abgetragen werden muß (Fig. 30). Nachdem man aus den gegebenen

Böschungen die Intervalle (§ 5) und damit die Gefällemaßstäbe (§ 8) der Böschungsebenen ermittelt hat (vgl. die kleine Fig. 30 a), genügt es, von den Ebenen einige Streichlinien (zur Kontrolle mehr als nötig) zu zeichnen und ihre Schnittgeraden mit den Geländeebenen und untereinander zu bestimmen (§ 12); letztere müssen (§ 14) die Schichtlinienwinkel (hier rechte), also auch die (hier ebenfalls rechten) Winkel der Begrenzung des Platzes halbieren. Zu beachten ist besonders die Konstruktion des Böschungseckpunktes X talaufwärts, der als Schnittpunkt von AA', BB' und dem Talweg beider Geländeebenen erhalten wird, wobei A', B' die Schnittpunkte der Böschungsschichtlinie 4 mit den, hier über den Talweg hinaus zu verlängernden Streichlinien 4 der Geländeebenen sind.

§ 27. **Weg gegebener Steigung.** Auf einem gegebenen ebenen Hange von einem gegebenen Punkte aus einen geraden Weg gegebener Steigung anzulegen, dessen Breite und Böschungen gegeben sind. Steigung 20% = 1 : 5, Böschung im Abtrag 3 : 1, in der Aufschüttung 2 : 3 (Fig. 31).

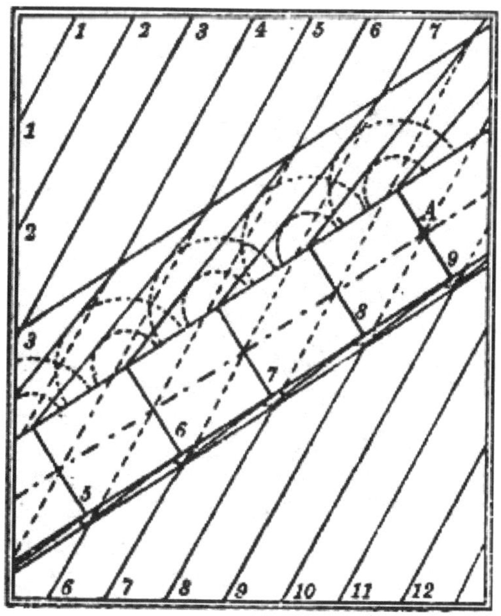

Fig. 31.

Fig. 31 a.

Man stelle sich aus der gegebenen Steigung des Weges zunächst das Intervall seiner Mittellinie her (Fig. 31 a) und zeichne sie in das gegebene Gelände ein mittels der Böschungskegel, wie in § 20 angegeben: zweckmäßig trägt man immer von dem gegebenen Punkte A aus das Intervall, sein Doppeltes, Dreifaches usw. ab, und stellt zur Kontrolle fest, ob die erhaltenen Punkte der Streichlinien auf einer Geraden liegen. In diesen Punkten trägt man senkrecht zur Mittelgeraden die gegebene Wegebreite auf, wodurch die Berandungen des Weges gefunden und zugleich graduiert werden. Durch diese hat man die Böschungsebenen zu legen, ebenfalls mittels der Böschungskegel, wie in § 20 gezeigt. Die Radien der zu zeichnenden Schichtkreise der Böschungskegel sind gleichfalls aus der Fig. 31 a zu entnehmen.

§ 28. **Streichen und Fallen einer Ebene.** An den Böschungsebenen eines Eisenbahneinschnitts beobachtet man die Grenzlinie (Ausbißlinie, d. h. Schnitt mit der Oberfläche) einer ebenen geologischen Schicht. Es ist Streichen und Fallen (§ 10) der Schicht zu bestimmen.

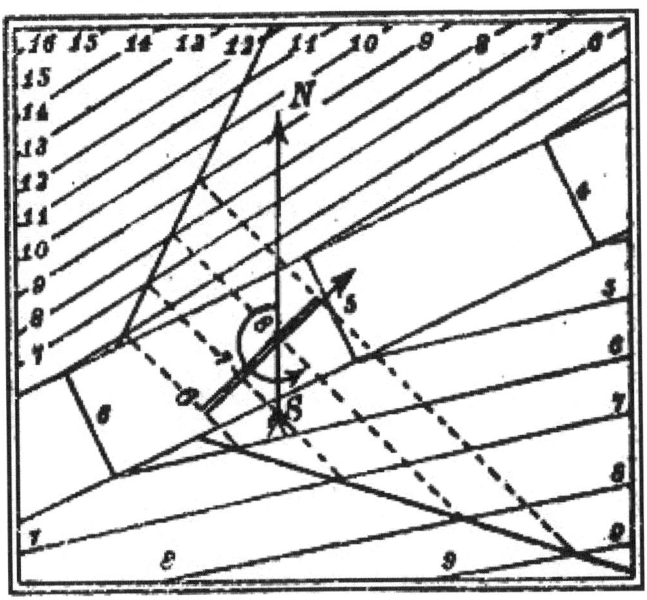

Fig. 32.

Man ermittelt die Schichtlinien der gesuchten ebenen Schicht durch Verbindung der gleichkotierten Schnittpunkte der beiden beobachteten Geraden und der Schichtlinien der Böschungen. Jene Schichtlinien müssen parallel und von gleichem Abstand sein, wenn anders die beobachtete Schicht nicht eben ist. Dadurch ist der Gefällemaßstab und damit nach § 10 das Streichen und Fallen bestimmt. Der Streichwinkel ist in der Fig. 32 durch einen Bogen angedeutet.

§ 29. **Dachausmittelung.** Unter Dachausmittelung versteht man im darstellend-geometrischen Sinne die Konstruktion von (im allgemeinen) ebenen Dachflächen gegebener Böschung auf einem gegebenen geradlinigen Gebäudegrundriß. Hierbei wird hauptsächlich von den Sätzen des § 14 über den Schnitt zweier Ebenen gleichen Gefälles Gebrauch gemacht. Jedoch ist zu bemerken, daß sich nicht allgemeine Gesichtspunkte zur Konstruktion von Dachflächen angeben lassen, und vor allem, daß die im folgenden ausgeführten Konstruktionen nicht immer in der Praxis der Architekten Verwendung finden; das liegt sowohl in mancherlei Zweckmäßigkeitsgründen wie auch an ästhetischen Rücksichten. Hier sollen nur einige einfache Dachausmittelungen als Anwendungen gegeben werden.

§ 30. *Aufgabe. Ein Gebäude mit viereckigem Grundriß und überall gleich hohen Mauern zu decken.* Der Gefällemaßstab des Daches ist gegeben.

Nach § 14 sind die Schnittlinien benachbarter Dachflächen die Winkelhalbierenden der Schichtlinien, zu denen auch die wagerechten Begrenzungen gehören. Dadurch entstehen (Fig. 33) an den kürzeren Vierecksseiten dreieckige Bedachungen, an den längeren viereckige, deren Schnittgerade, die »Firstlinie« des Daches, durch Verbindung der Dreiecksspitzen erhalten wird. Sie ist im allgemeinen nicht horizontal. Aus ästhetischen Rücksichten pflegt man daher den über dem tiefsten Punkt der Firstlinie gelegenen Dachteil gesondert mit so flachem Gefälle zu decken, daß dieser Teil des Daches von unten praktisch nicht sichtbar ist. Man führe eine solche Konstruktion aus.

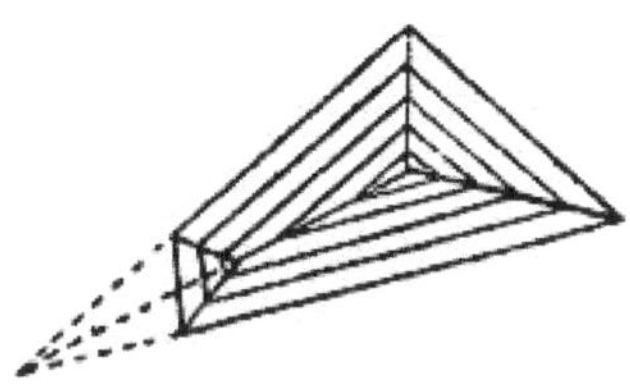

Fig. 33.

§ 31. *Fortsetzung.* Da sich drei nicht derselben Geraden parallele Ebenen stets in einem Punkte treffen, so muß von dem Schnittpunkte zweier Schnittlinien, die zwei Dachebenen miteinander bilden, stets eine dritte Schnittlinie ausgehen. Daher geht auch die Firstlinie durch den Schnittpunkt der beiden Dachkanten der in ihr zusammentreffenden Dächer hindurch; sie halbiert auch deren Winkel (Fig. 33). Sind demnach diese beiden Dachkanten parallel, so ist auch die Firstlinie parallel und daher horizontal.

Diese Bemerkungen erleichtern oft die Konstruktionen. Ein Beispiel mit einer einspringenden Ecke gibt die Fig. 34.

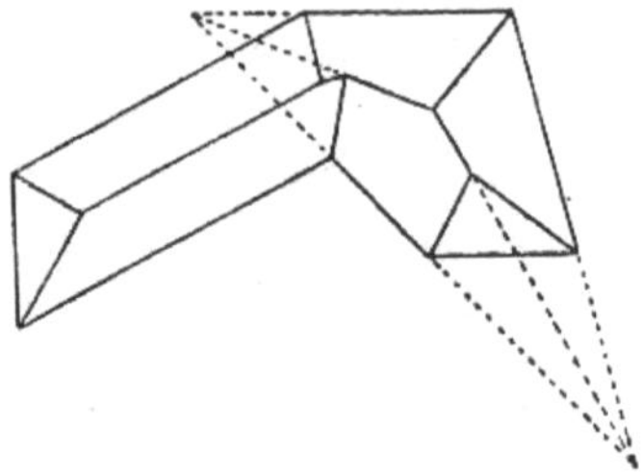

Fig. 34.

§ 32. **Aufschüttung einer Halde.** Von einer wagerechten Ebene (Fig. 35, Höhe 50), an die sich ein ebener Abhang anschließt, ist ein horizontales Geleise *gg* auf Trägern über den Abhang hinausgebaut, um von dort Schlacken auf den Abhang zu kippen. Das Geleise geht erst gerade, dann im Halbkreise, dann wieder gerade zurück. Die Böschung der Halde ist gegeben.

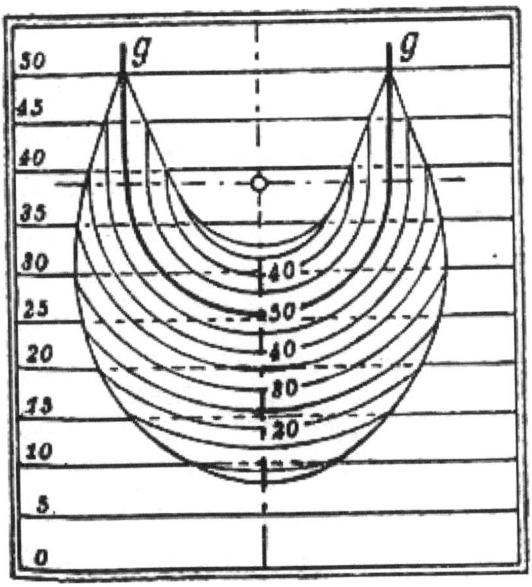

Fig. 35.

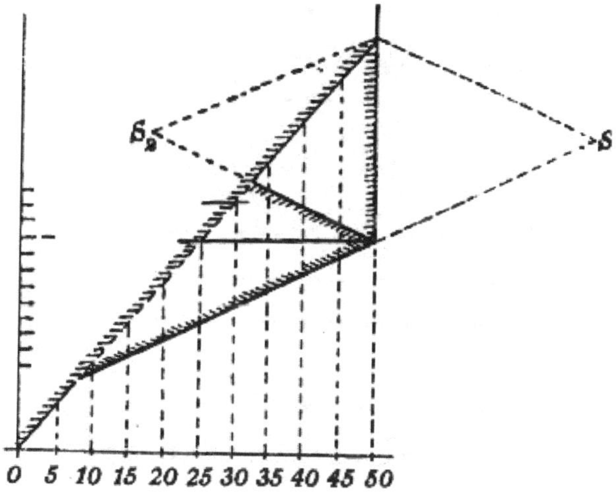

Fig. 35 a.

Bei voller Aufschüttung besteht die Halde, soweit das Geleise geradlinig ist, aus je zwei dachartig aneinandergesetzten Ebenen; ihr Gefällemaßstab ist aus der gegebenen Böschung zu konstruieren. Längs des halbkreisförmigen Geleises besteht die Halde aus zwei geraden Kegeln, die einander längs des Geleises durchdringen. Ihre Böschung stimmt mit der gegebenen ebenfalls überein; ihre Spitzen liegen lotrecht zum Mittelpunkte des kreisförmigen Geleiseteils, im Querprofil (Fig. 35 a) bei S_1 und S_2. Dic Kegel schneiden die Geländeebenen in zwei Kegelschnitten (Ellipsen – wie in der Fig. 35 –, Parabeln oder Hyperbeln, je nachdem die Böschung des ebenen Abhanges kleiner, ebensogroß oder größer als die der Halde ist); ihre großen Hauptachsen liegen in der Symmetrieebene des Geleises. Ein Querschnitt durch diese gibt auch die Längen dieser Hauptachsen und die Mitten der Ellipsen; dazu senkrechte Querschnitte durch die Ellipsenmitten liefern die Längen der kleinen Achsen. Daraus lassen sich bekanntlich die Ellipsen konstruieren. Auf ihnen schneiden sich gleichkotierte Schichtlinien der Geländeebene und der Haldenfläche, nämlich sowohl der Böschungsebenen wie der Böschungskegel; diese Schnittpunkte werden daher beim Ziehen der Ellipsen von Nutzen sein.

§ 33. **Ausschachten einer Grube.** An einem ebenen Abhang soll eine Grube mit kreisförmiger wagerechter Grundfläche und gegebener Böschung ausgeschachtet werden.

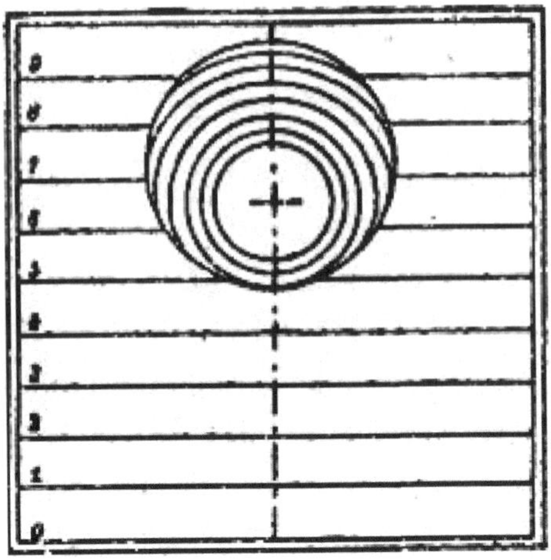

Fig. 36.

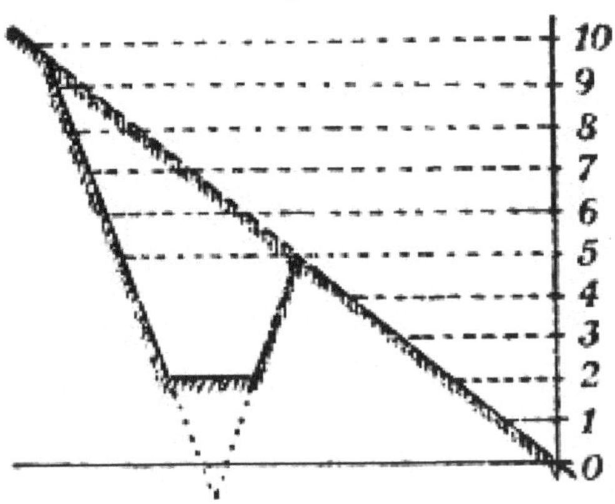

Fig. 36 a.

Die Lösung dieser Aufgabe ist der vorigen ähnlich und in Fig. 36 angegeben. Der Grubenrand ist eine Ellipse, deren Mittelpunkt und Hauptachsen aus dem Querschnitt (Fig. 36 a) zu entnehmen sind. Auf der Horizontalprojektion dieser Ellipse schneiden sich die gleichkotierten Streichlinien der Geländeebene und die Schichtkreise des Böschungskegels.

§ 34. **Tunnelmündung.** An einem ebenen geneigten Abhang soll eine Tunnelmündung angelegt werden. Die horizontale Mittelachse des Tunnels und sein Querschnitt sind gegeben; die Tunnelmündung ist auch in wahrer Gestalt zu konstruieren.

In der Fig. 37 sei rechts der Gefällemaßstab der gegebenen Geländeebene, *a* (Höhe 6) die Tunnelachse, Fig. 37 a sei der gegebene Querschnitt. Da die Gerade *aa* zugleich die Schnittgerade der vertikalen Schnittebene längs der Tunnelachse mit der Zeichenebene, und nachdem sie durch die gegebenen

Streichlinien gestuft ist, auch mit der gegebenen Ebene angibt, braucht man nur senkrecht zu ihr in den Punkten mit den entsprechenden Koten die Querdimensionen des Tunnels, wie sie das Profil angibt, abzutragen und in den Endpunkten Parallelen zur Tunnelachse zu ziehen; diese ergeben die Schichtlinien des die Tunnelwand darstellenden Zylinders. Ihre Schnittpunkte mit gleichkotierten Schichtlinien der gegebenen Ebene sind Punkte der gesuchten Tunnelmündung. Die wahre Gestalt dieser Tunnelmündung ist durch Drehen der Ebene um die Schichtlinie der Tunnelsohle in die horizontale Lage nach § 18 zu bestimmen: der Abstand der Streichlinien nach der Drehung ist die Hypotenuse in einem Dreieck, dessen Katheten das ursprüngliche Intervall und die mit 1 bezeichnete, aus dem gegebenen Profil zu entnehmende Einheit des Höhenmaßstabs sind (vgl. links in der Fig. 37).

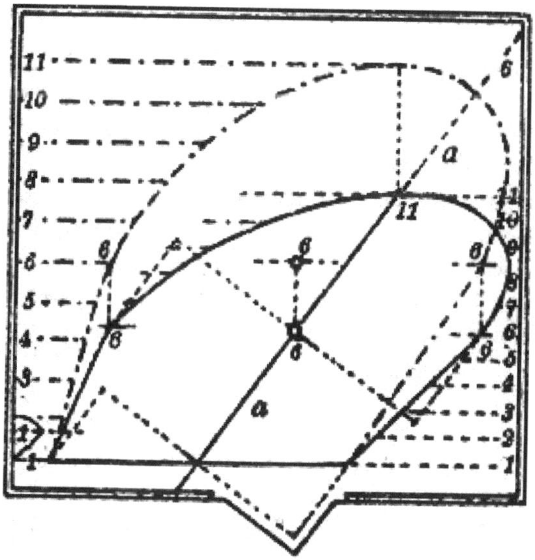

Fig. 37.

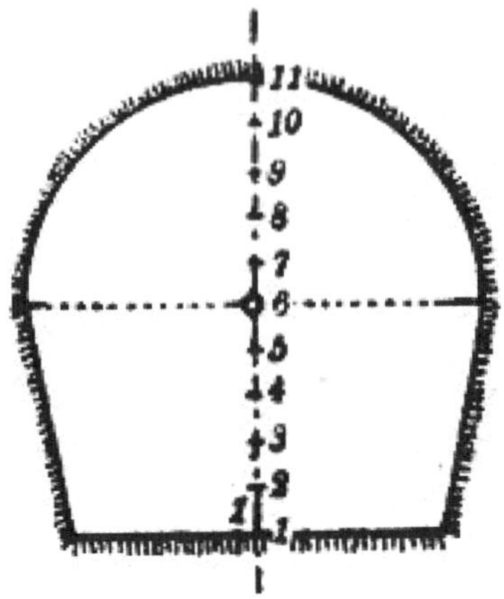

Fig. 37 a.

Bei der Ausführung des in Fig. 37 gezeichneten Beispiels, bei dem das Profil aus einem symmetrischen Trapez und einem darüber gesetzten Halbkreise besteht, genügt es, die vier Ecken des Trapezes und den obersten Punkt des Halbkreises festzulegen. Denn die entstehenden Figuren der Tunnelmündung in der Karte und in wahrer Gestalt bestehen alsdann in einem Viereck und einer darübergesetzten Halbellipse, in der die ursprünglichen horizontalen und vertikalen Kreishalbmesser konjugierte Halbmesser geworden sind; die Ellipsen sind daher leicht zu zeichnen, wie das in den Elementen der darstellenden Geometrie gezeigt wird.

III. DARSTELLUNG DER GELÄNDEFLÄCHEN

§ 35. **Hauptschichtlinien.** In der Einleitung wurde bereits von der Darstellung einer Geländefläche durch ihre Schichtlinien, die Schnittkurven mit wagerechten Ebenen, gesprochen, und in den vorhergehenden vorbereitenden Abschnitten ist davon auch schon bei der Darstellung der einfachen Flächen – Ebene, Zylinder, Kegel, Kugel – Gebrauch gemacht worden.

Im folgenden sei nun die Gestalt der Geländefläche willkürlich angenommen, jedoch vorausgesetzt, daß sie im allgemeinen glatt genug verlaufe, so daß man sie durch die *gezeichneten* Schichtlinien als hinreichend gegeben ansehen kann. Diese Schichtlinien, die gewöhnlich Schichten gleicher Dicke entsprechen, und deren Höhenzahlen auch gewöhnlich runde Zahlen sind, werden bisweilen *Hauptschichtlinien* der Fläche genannt.

Die kotierte Projektion der Hauptschichtlinien eines Geländes auf eine wagerechte Zeichenebene liefert bei nötiger Verkleinerung eine *Karte* oder einen Plan des Geländes. Allen folgenden Betrachtungen wird ein solcher Schichtenplan zugrunde gelegt; an ihm können alle Konstruktionen usw. ausgeführt werden. Daher werden im Folgenden auch unter Schichtlinien, Fallinien usw. schlechtweg ihre Abbildungen (d. h. verkleinerten Projektionen) auf einer Karte verstanden, wenn nicht etwa aus dem Zusammenhange hervorgeht, daß die Originale des Geländes selbst gemeint sind.

§ 36. **Zeichnerische Bemerkungen.** Zunächst mögen einige Bemerkungen über die zeichnerische Ausführung der Konstruktionen eingeflochten werden, von denen im folgenden die Rede sein wird. In den beiden vorhergehenden Abschnitten war fast alles mit dem Lineal, dem Zirkel, Maßstab und Transporteur ausführbar. Diese elementaren Geräte werden im folgenden nicht immer genügen, wie das in der Natur der Sache liegt, wenn sich die Konstruktionen nicht auf gerade Linien und Kreise beschränken sollen.

Oft wird es von Vorteil oder geboten sein, die Konstruktionen nicht an der vorhandenen Karte selbst auszuführen. Dann zeichnet man sich den erforderlichen Teil des Geländes auf ein besonderes Zeichenblatt ab, entweder mittels Pauspapiers, nachdem man eine Anzahl wichtiger Punkte und etwa das Gradnetz des Geländes besonders festgelegt hat, oder besser und genauer mit einem Storchschnabel (Pantographen).

Man kann damit zugleich die herauszuzeichnenden Teile der Karte in vergrößertem Maßstabe wiedergeben, was oft sehr nützlich ist.

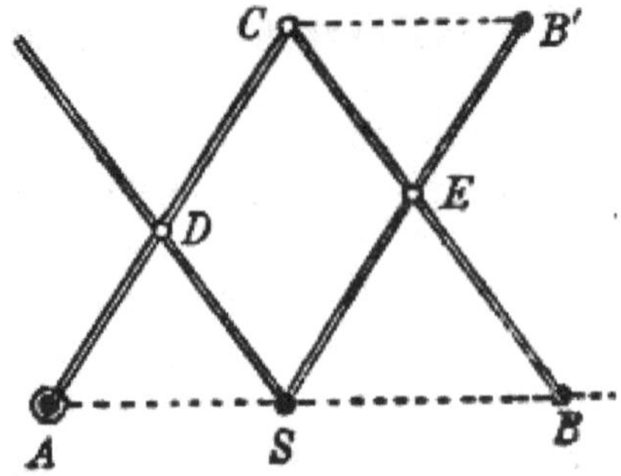

Fig. 38.

§ 37. Der **Storchschnabel** (Pantograph; Christoph Scheiner, † 1650) besteht (Fig. 38) aus zwei durch eine Parallelogrammführung ($CD = ES$, $CE = DS$) verbundenen Stangen AC und BC mit gemeinsamem Drehpunkt C; aus der Ähnlichkeit der Dreiecke ADS und ACB folgt $AS : AB = AD : AC$. Wenn also der Punkt A des Apparates am Zeichentisch oder Reißbrett festgemacht wird, bei S sich ein über der abzuzeichnenden Karte beweglicher Fahrstift (scharfe Spitze, die durch eine daneben angebrachte ein wenig längere Stütze dicht über der Karte geführt wird), bei B der auf dem Papier zeichnende Bleistift befindet, so liefert der letztere eine Vergrößerung im Verhältnis $AD : AC$. Ist $SB' = AC$, so beschreibt B' dieselbe Figur wie S.

Für die hier in Frage kommenden Zwecke genügt meist ein ganz einfacher Apparat, wie er für weniges Geld zu haben ist. Man wird ihn nötigenfalls ein wenig ausrichten und seine Vergrößerung prüfen müssen. Dies geschieht, indem man mit dem Fahrstift eine bekannte Strecke durchläuft und sie mit der vom Bleistift gezeichneten Strecke vergleicht.

§ 38. **Glatte Kurve.** Oft wird verlangt, durch eine Reihe passend gegebener Punkte eine glatte Kurve zu legen. Diese Aufgabe ist bis zu einem gewissen Grade willkürlich, weil der Begriff der »glatten Kurve« nicht bestimmt genug ist. Man zieht eine solche Kurve mit Benutzung des *Kurvenlineals.* Auch die Schichtlinien sind so zu zeichnen, aber nicht, wie es manchmal zu sehen ist, mit willkürlichen Wellen und Zacken dazwischen, die viele Konstruktionen ganz unausführbar machen würden.

§ 39. **Spiegellineal.** Um an eine durch Zeichnung gegebene ebene Kurve in einem gegebenen Punkte die Tangente oder Normale zu konstruieren, bedient man sich zweckmäßig eines Spiegellineals, d. h. eines Lineals, das an einer *zur Zeichenebene senkrechten* ebenen Seitenfläche das Spiegelbild der gezeichneten Kurve erkennen läßt. Dreht man es so lange um den gegebenen Punkt, bis Spiegelbild und gezeichnete Kurve ohne merklichen Knick ineinander überzugehen scheinen, so ist die Schnittgerade der Spiegel- und

Zeichenebene Normale der Kurve, ihre Senkrechte im gegebenen Berührungspunkte also die Tangente.

Als Spiegellineal läßt sich ein mit einer geraden Kante versehener, und, damit die Vorderfläche, nicht die Hinterfläche spiegelt, schwarz hinterlegter Spiegelglasstreifen verwenden; für viele Zwecke genügt auch ein mitten auf die nicht abgeschrägte Zentimeterteilung eines gewöhnlichen Rechenschiebers geklebtes geglättetes und mit dem Ballen der Hand poliertes Stück Stanniol.

§ 40. **Tangente.** Von einem geeignet gegebenen Punkte, der nicht auf einer gegebenen Kurve liegt, läßt sich zwar recht genau an diese eine Tangente mit dem Lineal legen; doch bleibt dabei die Lage des Berührungspunktes unscharf. Man findet ihn durch eine Korrektions- oder Fehlerkurve, die man z. B. erhält, indem man eine Reihe von Sekanten zieht, entweder durch den gegebenen Punkt, oder der gezeichneten Tangente parallel, deren zwischen der Kurve gelegene Sehnen man halbiert (Fig. 39).

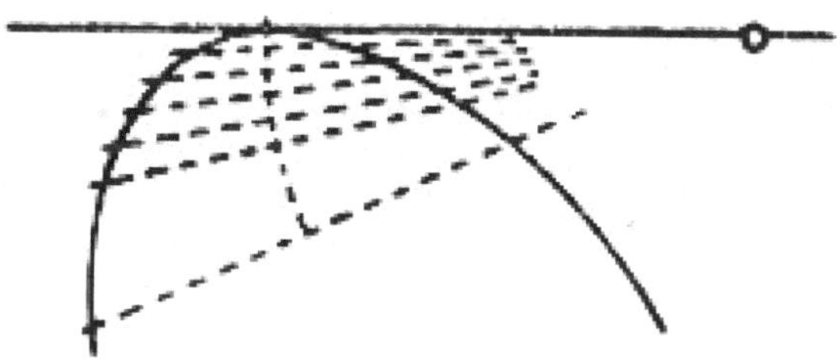

Fig. 39.

§ 41. **Hüllkurve.** Statt daß eine Kurve zeichnerisch durch eine genügende Anzahl Punkte bestimmt wird, kommt es auch oft vor, sie zu zeichnen, wenn eine hinreichende Anzahl Tangenten von ihr gegeben sind; das wird ebenfalls durch passendes Anlegen des Kurvenlineals ausgeführt.

Man spricht in diesem Falle davon, daß die Tangenten die Kurve einhüllen, letztere die Hüllkurve (Enveloppe) der Tangenten ist. Vgl. z. B. die Fig. 26.

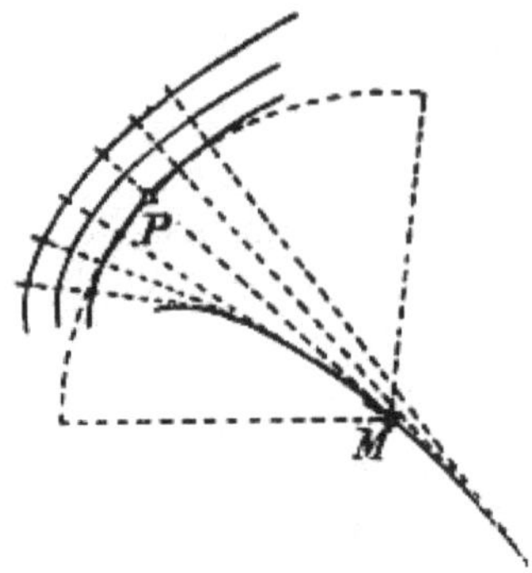

Fig. 40.

§ 42. **Evolute.** Zeichnet man zu einer gegebenen Kurve, die von einem Kreise oder einer Geraden verschieden ist, (mit dem Spiegellineal) genügend viele Normalen, so hüllen sie im allgemeinen eine zweite Kurve ein, die Evolute der ursprünglichen (Fig. 40). Der Punkt *M*, in dem diese eine bestimmte, durch den Kurvenpunkt *P* gehende Normale berührt, heißt der zu *P* gehörige Krümmungsmittelpunkt der ursprünglichen Kurve, so daß also die Evolute der Ort der Krümmungsmittelpunkte ist. Der Kreis mit dem Zentrum *M* und dem Radius *PM* heißt Krümmungskreis und schmiegt sich an die gegebene Kurve in *P* inniger an als jeder andere Kreis, obwohl er im allgemeinen die Kurve durchschneidet.

§ 43. **Parallelkurven.** Trägt man auf den Normalen einer Kurve von dieser aus nach derselben Seite gleiche Stücke ab, so erhält man eine äquidistante oder parallele Kurve. Alle Parallelkurven haben also dieselben Normalen und demnach eine gemeinsame Evolute. Sie heißen auch die zu der Evolute gehörigen *Evolventen.*

Auch andere Kurven, z. B. Kreise, können – natürlich ebenfalls nur bei gewissen Anordnungen – einhüllende Kurven besitzen. Davon macht man unter anderm zweckmäßig Gebrauch, um noch auf eine zweite Art zu einer gegebenen eine parallele Kurve im gegebenen Abstand zu zeichnen. Man zieht um eine genügende Anzahl von Punkten der gegebenen Kurve Kreise, deren Radius der gegebene Abstand ist, und zeichnet die beiden Hüllkurven dieser Kreise.

§ 44. **Berührungen im Raum.** Von den folgenden leicht nachzuweisenden Sätzen, die über die Darstellung einer Berührung im Raume gelten, wird in Zukunft oft stillschweigend Gebrauch gemacht, wenn Berührungskonstruktionen statt auf der Geländefläche auf einem Plan von ihr ausgeführt werden.

Eine beliebige Raumkurve, eine Tangente an ihr und der Berührungspunkt gehen im allgemeinen bei der Projektion in eine ebene

Kurve, eine Tangente an dieser und den Berührungspunkt über, und zwar entsprechen die beiden Kurven, die beiden Tangenten und die beiden Berührungspunkte einander.

Daraus folgt: wenn zwei Raumkurven sich in einem Punkte berühren, so berühren sich auch ihre Projektionen in einem Punkte, der die Projektion jenes ist.

§ 45. **Relief eines Geländes.** Die topographische Aufnahme eines Geländes geschieht meist durch Höhenmessung einer ausreichenden Anzahl einzelner Punkte, deren geographische Lage (etwa Länge und Breite, oder andere Koordinaten) bekannt ist. Danach werden dann die Schichtlinien konstruiert, wovon nachher im § 48 noch die Rede sein wird.

Wenn man für jede Hauptschichtlinie gleich starke Lagen von Pappe oder Holz, deren Dicke der Schichtendicke entspricht, so ausschneidet, wie die Schichtlinie angibt, und sie dann richtig aufeinanderlegt, so erhält man ein terrassenförmiges Gebilde, das angenähert ein Relief des Geländes darstellt. Auf diese Weise werden nach Ausfüllung der Terrassen meist Reliefs von gebirgigen Gegenden wirklich hergestellt.

§ 46. **Kurven auf einer Geländefläche.** Außer den Schichtlinien sind natürlich noch eine ganze Reihe anderer Kurven im Zusammenhang mit einer Geländefläche zu betrachten, die teils auf ihr gelegen sind, teils sie durchdringen oder berühren: Wege auf dem Gelände, Eisenbahnlinien, Schnittkurven mit anderen Flächen, scheinbare Horizonte usw. Auch diese alle hat man sich in den Plan eingezeichnet zu denken. Es wird zweckmäßig sein, zunächst die hauptsächlichsten Eigenschaften solcher Raumkurven kennen zu lernen, da sie naturgemäß bei den Konstruktionen an Geländeflächen fortgesetzt vorkommen.

§ 47. **Darstellung einer Raumkurve.** Eine beliebige Raumkurve ist durch ihre Projektion gegeben, wenn zugleich für eine genügende Anzahl ihrer Punkte die Höhenzahlen bekannt sind. Man denke etwa an die Darstellung des Weges, den ein Luftschiff durchmessen hat.

Alle, die Punkte einer Raumkurve projizierenden lotrechten Strahlen bilden einen Zylinder, den *projizierenden Zylinder*, und seine Abwickelung gibt das Profil längs der Raumkurve, das *Längenprofil*. Man zeichnet diese Abwickelung, indem man mittels einer genügend kleinen Zirkelöffnung die Kurve in so kleine Stücke teilt, daß sie innerhalb der Zeichengenauigkeit als geradlinig (vgl. § 85) betrachtet werden können, trägt diese Stücke mittels derselben Zirkelöffnung längs einer Geraden ab, bezeichnet dabei die kotierten Punkte und trägt in ihnen die entsprechenden Höhen lotrecht auf. Die Endpunkte dieser Lote bilden das erwähnte Längenprofil (Fig. 41 u. 41 a).

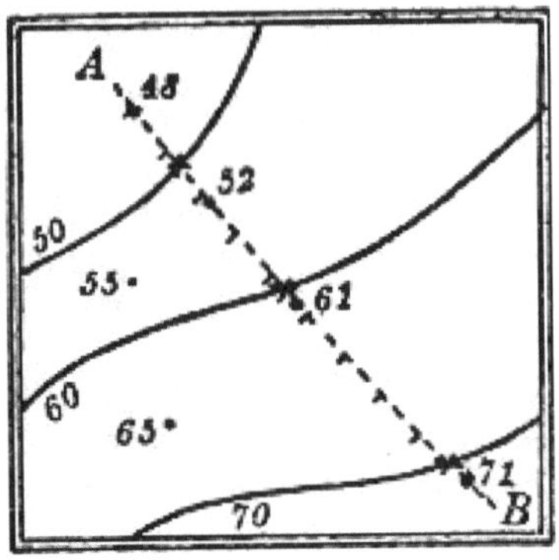

Fig. 41.

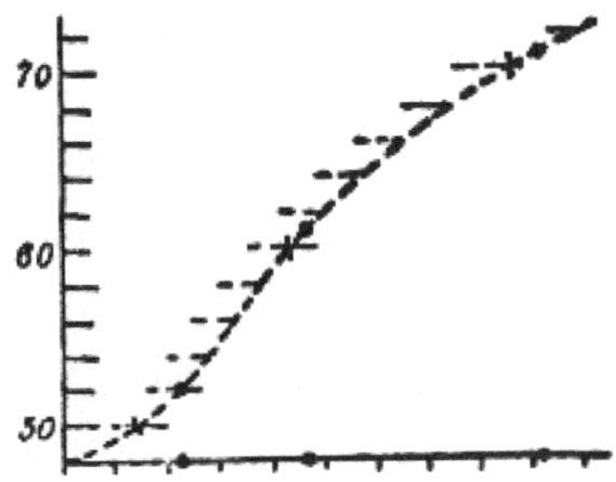

Fig. 41 a.

§ 48. **Einschalten von Punkten und Konstruktion von Schichtlinien.** Man benutzt ein solches Längenprofil, um in die Kurve Punkte gegebener Kote einzuschalten, z. B. die Punkte mit runden Höhenzahlen (Hauptpunkte), wodurch dann eine Stufung der gegebenen Kurve in ähnlicher Weise ausgeführt wird, wie das früher (§ 4) bei der geraden Linie geschehen ist.

Davon macht man z. B. Gebrauch, um aus den vermessenen Punkten eines Geländes seine Hauptschichtlinien zu konstruieren (vgl. § 45). Man verbindet zu diesem Zwecke geeignete vermessene Punkte der Fläche durch eine glatte Kurve, zeichnet deren Längenprofil, aus dem man dann leicht die Zwischenpunkte mit runden Höhenzahlen entnehmen kann. Das ist in der Fig. 41 z. B. an der Linie *AB* näher ausgeführt. Die Verbindungskurven sind möglichst quer zu den zu erwartenden Schichtlinien zu wählen.

Ein derartiges Längenprofil wird ferner in praktischen Fällen oft benutzt, um z. B. das Steigen und Fallen eines Weges oder einer Eisenbahnstrecke unabhängig von den Krümmungen der Linienführung darzustellen, oder um die geologische Gestaltung des Erdinnern längs eines Tunnels oder Stollens zu verfolgen.

§ 49. **Böschung einer Raumkurve.** Unter dem *Anstieg* (Böschung) einer Raumkurve in einem ihrer Punkte versteht man den Anstieg der Tangente in diesem Punkte. Die Projektion der Tangente fällt nach § 44 zusammen mit der Tangente der Projektion der Raumkurve. Da sie bei der Abwickelung des projizierenden Zylinders auch in die Tangente des Längenprofils übergeht, so kann damit ihre Stufung nach § 4 leicht ausgeführt werden (vgl. Fig. 42).

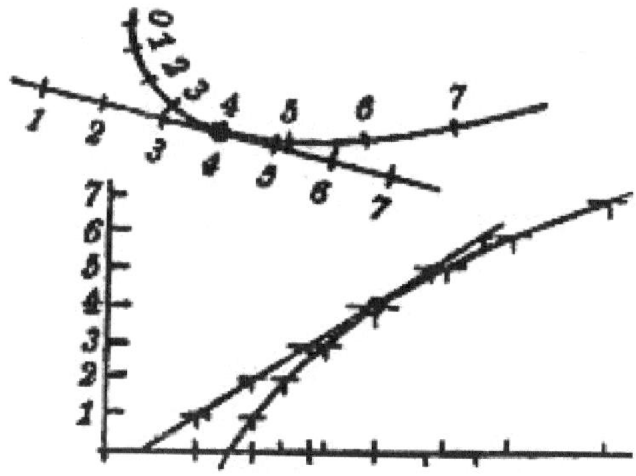

Fig. 42.

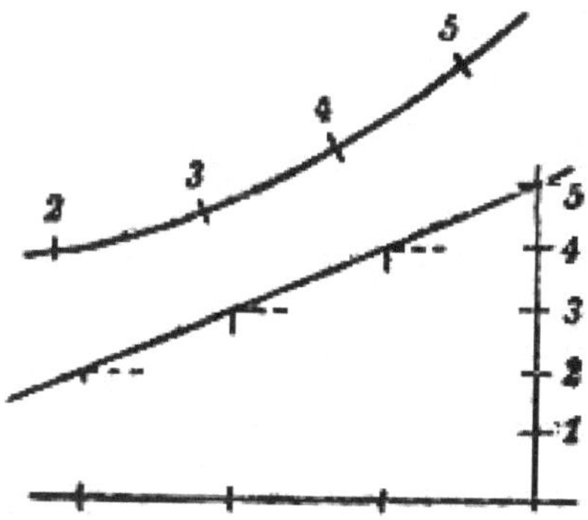

Fig. 43.

§ 50. **Böschungslinie.** Unter dem *Intervall einer Raumkurve* in einem ihrer Punkte versteht man das Intervall der zugehörigen Tangente. Im allgemeinen ändert es seine Größe längs der Kurve: je kleiner es ist, um so steiler, je größer, um so flacher verläuft die Kurve in der Nähe der betreffenden Stelle. Ist das Intervall längs der ganzen Kurve von derselben Länge, so hat die Kurve konstante Steigung; sie heißt dann eine *Böschungslinie*; ihr Längenprofil ist eine Gerade, wie das in Fig. 43 gezeigt ist.

Bei genügend enger Graduierung ist das Intervall einer Raumkurve in einem Punkte näherungsweise gleich der Entfernung der beiden benachbarten Hauptpunkte.

§ 51. **Normalebene, Planierungsfläche.** Die auf der Tangente im Berührungspunkte senkrechte Ebene heißt *Normalebene* der Kurve; ihr Gefällemaßstab ist nach § 6 zu konstruieren als die in einer lotrechten Ebene gelegene Senkrechte zur Tangente im Berührungspunkte (vgl. Fig. 44): das Intervall ist entgegengesetzt gerichtet und reziprok zu dem der Tangente, wozu in der Figur das rechtwinklige Dreieck mit der Höhe 1 (Einheit des Höhenmaßstabes) dient. Jede in der Normalebene gelegene, die Kurve schneidende Gerade heißt *Normale* der Kurve.

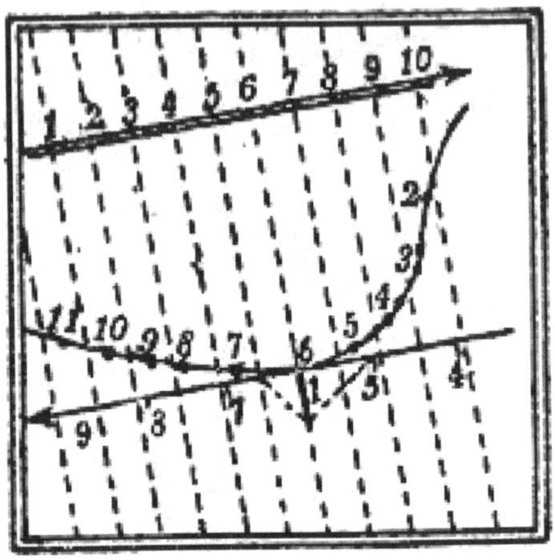

Fig. 44.

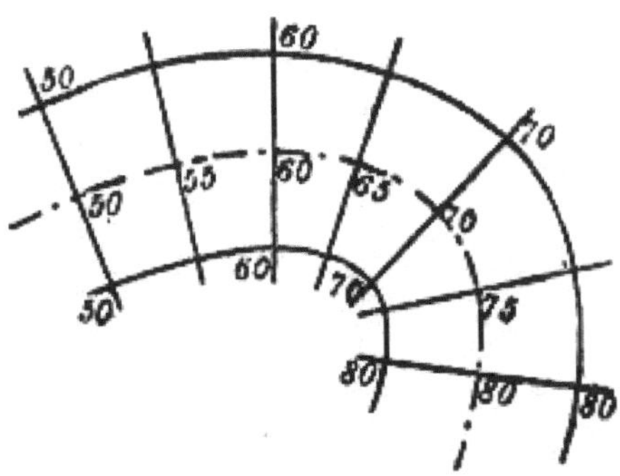

Fig. 45.

Sämtliche horizontalen Normalen bilden eine im allgemeinen windschiefe Fläche, die die Kurve enthält, die *Planierungsfläche.* Die Projektionen dieser Normalen sind die mittels des Spiegellineals leicht in die Karte zu zeichnenden Normalen der gegebenen Projektion der Kurve. Trägt man auf ihnen von der Kurve aus beiderseits dasselbe Stück ab, so erhält man die Darstellung eines Weges, dessen Mittellinie die gegebene Kurve ist (Fig. 45).

Im allgemeinen besteht die Planierungsfläche aus zwei Flügeln, die längs derjenigen Raumkurve aneinanderstoßen, deren Projektion die Evolute der gegebenen Projektion der Kurve ist. Längs dieser Raumkurve durchdringt die Planierungsfläche sich selbst. Zum Beispiel ist die Planierungsfläche einer gewöhnlichen zylindrischen Schraubenlinie mit lotrechter Achse die gemeine Schraubenfläche, ihre Selbstdurchdringungskurve die lotrechte Achse selbst.

§ 52. **Schmiegungsebene.** Ebenso wie die Tangente einer Kurve die Grenzlage der Sekante ist für den Fall, daß der eine Kurvenpunkt sich dem anderen mehr und mehr nähert, so ist die *Schmiegungsebene* die Grenzlage aller durch drei Punkte der Kurve gehenden Ebenen für den Fall, daß zwei der Punkte sich dem dritten mehr und mehr nähern, übrigens, wenn von *einer* Schmiegungsebene überhaupt die Rede sein soll, gleichgültig, in welcher Weise diese Annäherung ausgeführt wird. Daher ist die Tangente in der Schmiegungsebene gelegen.

Um die Schmiegungsebene in einem gegebenen Punkte der Kurve zu konstruieren, wird man demnach zuerst die zugehörige Tangente zu ziehen und nach § 49 zu graduieren haben. Die Schmiegungsebene wird alsdann eindeutig bestimmt sein, sobald man die Richtung einer ihrer Streichlinien kennt, z. B. derjenigen, die durch den gegebenen Kurvenpunkt geht. Die Hauptstreichlinien sind zu dieser parallel und gehen durch die Hauptpunkte der Tangente.

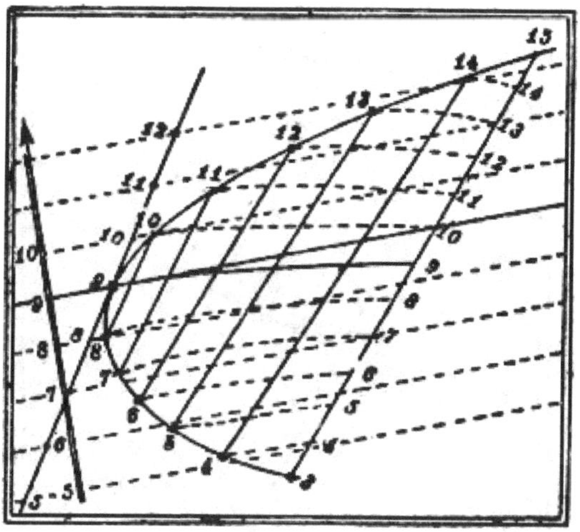

Fig. 46.

Bei der Konstruktion der Schmiegungsebene muß man natürlich von ihrer Erklärung Gebrauch machen und also eine Reihe von Ebenen zeichnen, deren Grenzlage sie ist. Zum Beispiel kann man zweckmäßig solche Ebenen wählen, deren einer Punkt der gegebene ist, während die beiden anderen entgegengesetzt gleiche Höhenabstände von ihm haben. Das ist in Fig. 46 ausgeführt, indem jedesmal die Verbindungsgerade der beiden letztgenannten Punkte graduiert ist. Diese Ebenen hüllen eine Fläche ein, auf der die gegebene Kurve gelegen ist, und auf der sich leicht die Höhenlinien als Verbindungskurven der Punkte gleicher Höhenzahlen zeichnen lassen, insbesondere auch die durch den gegebenen Kurvenpunkt gehende. Irgendeine durch diesen Punkt gehende Sekante der Höhenlinie ist in einer der besagten Ebenen als Schichtlinie enthalten. In dem Grenzfall der Schmiegungsebene geht also diese Sekante in die Tangente der erwähnten Schichtlinie im gegebenen Punkte über und wird zugleich Schichtlinie der Schmiegungsebene. Danach ist diese leicht zu zeichnen.

§ 53. **Hauptnormale, Binormale.** Die Schmiegungsebene und die Normalebene schneiden sich in der *Hauptnormalen* der Kurve. Das Lot auf der Schmiegungsebene im Berührungspunkte heißt *Binormale* der Kurve. Beide Geraden lassen sich nach § 12 und § 6 konstruieren.

Wer die angegebene Konstruktion der Tangente, Schmiegungsebene usw. wirklich ausgeführt hat, wird unschwer bemerkt haben, daß dabei die Genauigkeit der Zeichnung geringer ist als bei den bisherigen Konstruktionen. Der Grund dafür liegt in den Erklärungen der Tangente usw. als Grenzlagen gewisser Geraden usw. Diese Bemerkung gilt auch für eine ganze Reihe von Konstruktionen an Kurven und Flächen, wie sie im folgenden mitgeteilt werden.

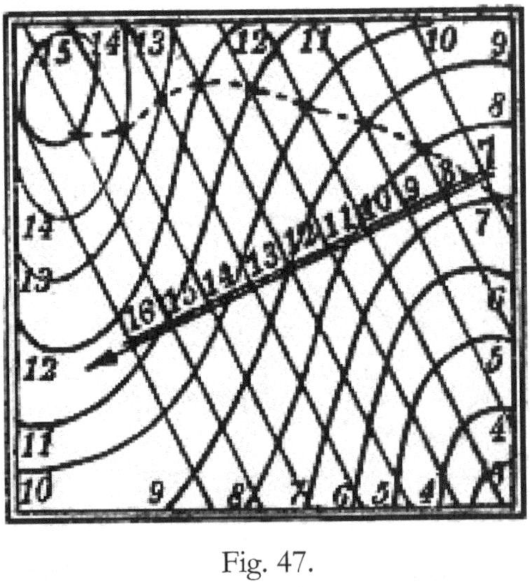

Fig. 47.

§ 54. **Schnitt einer Fläche mit einer Ebene.** Um die Schnittkurve einer Fläche mit einer gegebenen Ebene zu konstruieren, bringt man die Schichtlinien der Fläche mit den gleichkotierten Streichlinien der Ebene zum

Schnitt und verbindet die erhaltenen Punkte durch eine glatte Kurve. Diese wird *Ausschnittlinie*, *Ausbißlinie*, *Verschneidung* der Ebene genannt (Fig. 47).

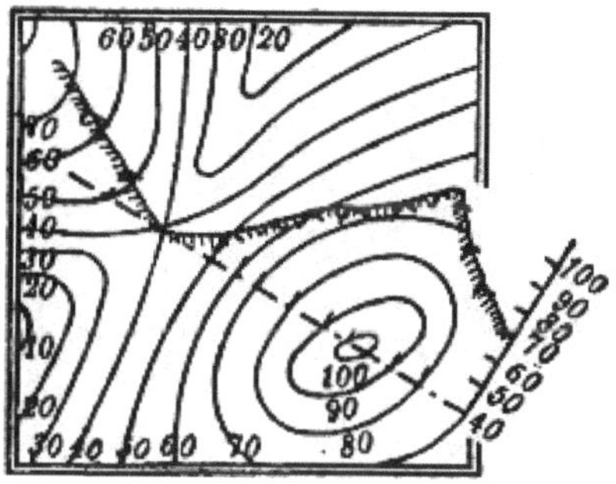

Fig. 48.

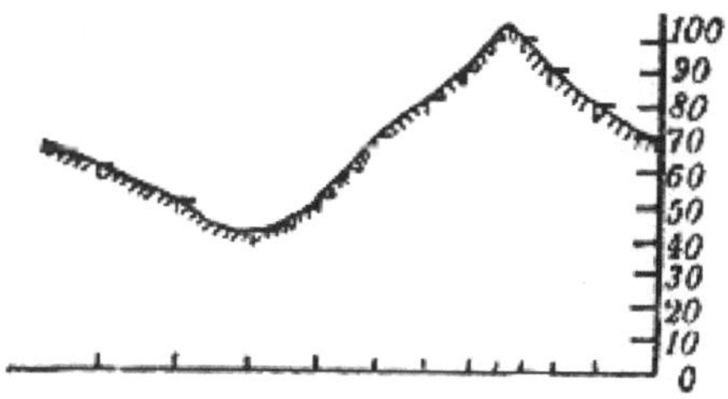

Fig. 48 a.

Wenn man die gegebene Fläche längs einer gegebenen Richtung durch eine lotrechte Ebene schneidet und diese samt der Schnittfigur in die Zeichenebene umklappt, so erhält man ein *Querprofil* der Fläche längs der gegebenen Richtung (Fig. 48). Oft ist es zweckmäßig, um die Zeichnung nicht zu verwirren, oder bei Benutzung einer Karte, das Querprofil auf eine besondere Zeichnung zu übertragen: das geschieht längs der gegebenen Richtung mittels des Zirkels oder einfacher mittels eines angelegten geraden Papierstreifens (Fig. 48 a).

§ 55. **Anwendung.** Die Konstruktion von Ausschnittlinien und Querprofilen kommt sehr oft bei Aufgaben des Tiefbaues, bei geologischen oder bergmännischen Fragen vor. Zum Beispiel, wenn man an irgendeiner Stelle des Geländes das Streichen und Fallen einer (in erster Annäherung als eben angenommen) geologischen Schicht beobachtet hat, so ist es von Wichtigkeit, die (mutmaßliche) Ausbißlinie dieser Schicht zu kennen, um dadurch zu wissen, an welchen Stellen des Geländes man mit einiger Aussicht auf Erfolg durch Schürfarbeit die Schicht bloßlegen und vielleicht abbauen kann; oder wie tief ein Schacht, der an einer gegebenen, dem Verkehr zugänglichen Stelle anzulegen ist, niedergebracht werden muß, bis er die Schicht erreicht.

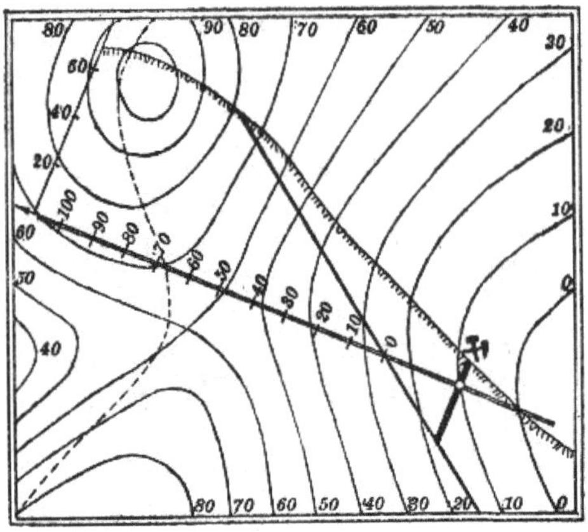

Fig. 49.

Man hat dann zunächst aus dem beobachteten Einfallen und Streichen die Schichtlinien der Ebene und damit ihren Gefällemaßstab nach § 11 zu konstruieren, alsdann, wie im vorigen Paragraphen angegeben, ihre Ausbißlinie (in der Figur gestrichelt) mit der Fläche herzustellen, schließlich durch den Schacht in der durch die Fallinie der Ebene gegebenen Richtung ein Querprofil durch das ganze Gelände zu legen. Daraus ist dann die Teufe des Schachtes zu entnehmen. Dies ist in der Fig. 49 ausgeführt.

§ 56. **Einschalten von Höhenlinien.** Für manche konstruktiven Zwecke reichen oft die vorhandenen Höhenlinien nicht an allen Stellen der Karte aus, um die verlangten Konstruktionen mit genügender Genauigkeit auszuführen. Dann wird es erforderlich, zwischen die vorhandenen noch andere Höhenlinien einzuschalten. Zweckmäßig kann das mit Hilfe von Querprofilen geschehen, die man an den betreffenden Stellen der Karte in genügender Anzahl legt, und aus denen man die erforderlichen Punkte für die zu konstruierenden Zwischenschichtlinien entnimmt (vgl. Fig. 50).

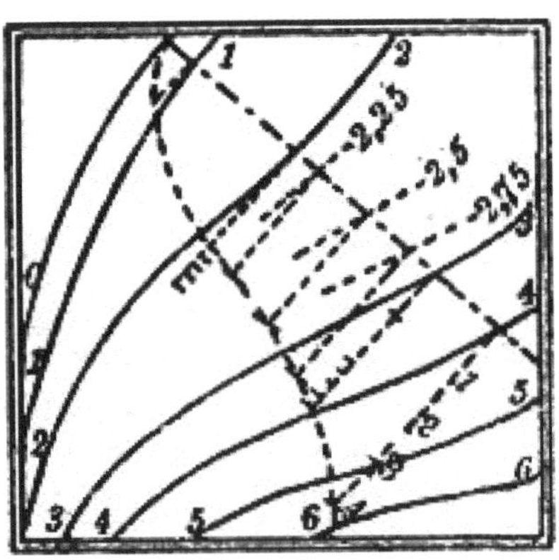

Fig. 50.

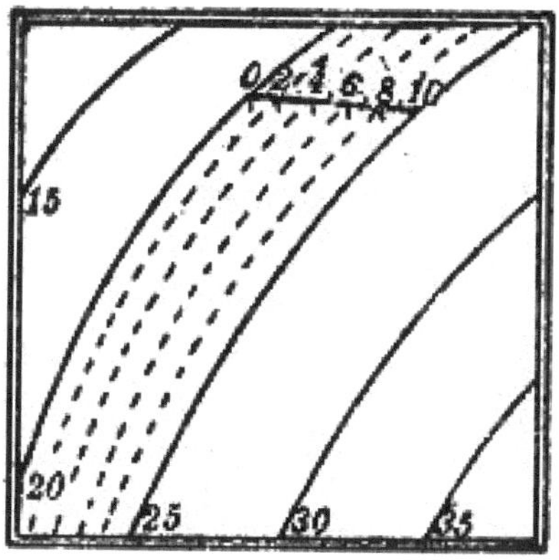

Fig. 51.

Wenn die Höhenlinien nur schwach gekrümmt sind, kann man mittels eines einfach anzulegenden Maßstabes Punkte der einzuschaltenden Schichtlinien mit genügender Annäherung auffinden, wie das aus der Fig. 51 hervorgeht; bei geradlinigen Schichtlinien wäre dieses Verfahren streng richtig.

Am genauesten und in jedem Falle anzuwenden sind die Längenprofile quer zu den Schichtlinien (längs der Fallinien, vgl. § 58), und zwar so, wie es im § 48 gezeigt worden ist.

§ 57. **Berührungsebene und Normale einer Fläche.** Um in einem gegebenen Punkte der Fläche die Berührungsebene zu konstruieren, bedenke man, daß diese von einer durch den Punkt gehenden wagerechten Ebene in einer wagerechten Geraden geschnitten wird; diese Gerade ist eine Tangente der Fläche in dem gegebenen Punkte, also auch eine Tangente an die durch den Punkt gehende Höhenlinie der Fläche. Da den Berührungen auf der Fläche auch Berührungen in der Karte entsprechen (§ 44), so ist demnach auf dem Plane die Normale der Höhenlinie in dem gegebenen Punkte (mit dem Spiegellineal zu zeichnen) die Projektion einer Fallinie der gesuchten Berührungsebene. Konstruiert man das durch die Richtung dieser Fallinie bestimmte Querprofil der Fläche nach § 54, so ist die Fallinie an ihm in dem gegebenen Punkte Tangente. Ihr Böschungsmaßstab ist also auch der Gefällemaßstab der gesuchten Berührungsebene (vgl. Fig. 52 u. 52 a).

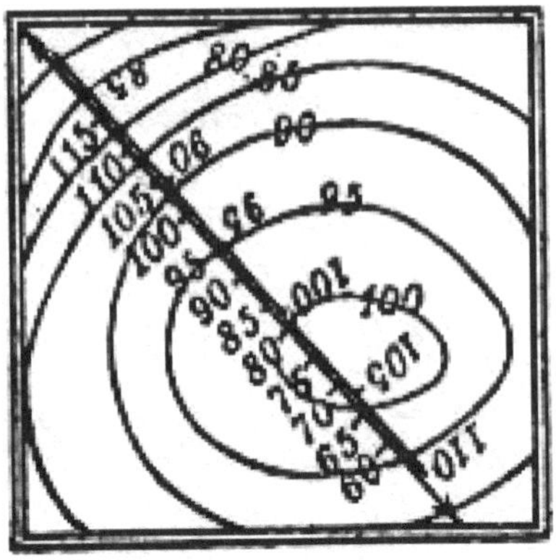

Fig. 52.

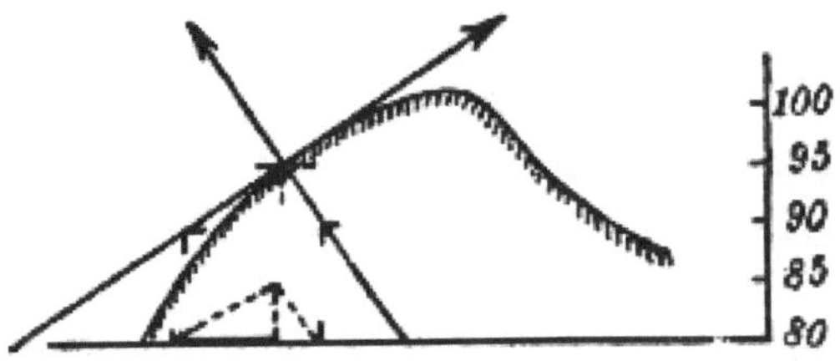

Fig. 52 a.

Die Flächennormale ist das Lot auf der Berührungsebene im Berührungspunkte. Da es in der eben erwähnten Profilebene liegt, fällt seine Projektion mit der der Fallinie der Berührungsebene zusammen. Sein Gefällemaßstab hat nach § 6 das reziproke Intervall desjenigen der Berührungsebene, ist ihm entgegengesetzt gerichtet und daher wie dort angegeben zu bestimmen.

§ 58. **Normalebene, Fallinien einer Fläche.** Irgendeine die Flächennormale enthaltende Ebene heißt *Normalebene* der Fläche; sie schneidet die Fläche in einem *Normalschnitt*, die Berührungsebene in einer Tangente der Fläche. Durch jeden Flächenpunkt gehen also unzählig viele Tangenten, von denen im allgemeinen nur eine, die zugleich Tangente der durch den Berührungspunkt gehenden Schichtlinie der Fläche ist, horizontal läuft. Die anderen verlaufen paarweise mit demselben Anstieg, bis auf eine, deren Gefälle mit dem der Ebene übereinstimmt. Es ist zugleich das größte unter allen betrachteten und wird *Gefälle der Fläche* in dem betreffenden Punkte genannt. Geht man von einem Punkte der Fläche in Richtung des eben erwähnten größten Gefälles, der Fallrichtung, also senkrecht zur Schichtlinie, weiter zu einem Punkte der nächsten Schichtlinie, von da in derselben Weise weiter und so fort, so durchläuft man eine *Fallinie* der Fläche.

Die Fallinien stehen auf den Schichtlinien senkrecht. Um sie zu konstruieren (Fig. 53 u. 54), bedient man sich zweckmäßig des Spiegellineals: man errichtet, von einem Punkte einer Schichtlinie ausgehend, auf ihr mittels des Spiegellineals die Normale, setzt an sie in einem Punkte, der etwa mitten bis zur nächstfolgenden Schichtlinie gelegen ist, die Normale zu dieser an, usw. Diese Normalen hüllen die gesuchte Fallinie ein, deren Tangenten sie sind (§ 41). Dabei ist es erforderlich, daß genügend viele Schichtlinien zu Verfügung stehen; nötigenfalls werden zuvor einige einzuschalten sein (§ 56).

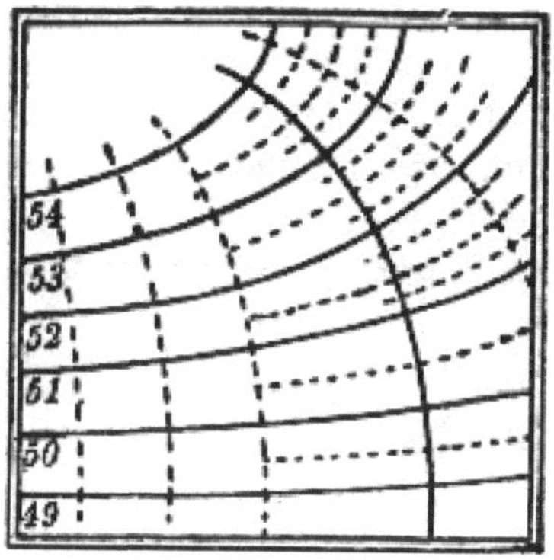

Fig. 53.

Fig. 54.

§ 59. **Schraffur einer Karte.** Die Fallinien einer Geländefläche geben die Richtung des langsam herabfließenden Wassers an. Im allgemeinen geht durch jeden Punkt der Fläche genau eine Fallinie; über die besonders zu erwähnenden Ausnahmen s. weiter unten § 61.

Der Anstieg längs der Fallinien einer Fläche ist im allgemeinen veränderlich; man pflegt in der Kartenkunde das stärkere oder schwächere Gefälle des Geländes durch stärkeres oder schwächeres Ausziehen der Fallinien kenntlich zu machen, um dadurch einen erhabenen Eindruck der Karte hervorzurufen. Dazu benutzt man meistens eine dem Gefälle entsprechend abgetönte Schraffur. Die Richtung der Schraffenstriche stimmt mit der Richtung der Fallinien überein.

§ 60. **Krümmung einer Fläche.** Hinsichtlich der Punkte, die eine Fläche außer dem Berührungspunkte in seiner Nachbarschaft mit der Berührungsebene gemeinschaftlich haben kann, sind drei verschiedene Fälle möglich, wenn man von besonderen Ausnahmen absieht.

Entweder hat die Oberfläche mit ihrer Berührungsebene in der Umgebung des Berührungspunktes weiter gar keinen Punkt gemeinsam; die Berührungsebene verläuft dort dann also ganz auf einer Seite der Fläche. Dann heißt die Fläche in dem betrachteten Berührungspunkte *bauchig* (positiv oder elliptisch gekrümmt). Vgl. 55 und 55 a. Das Ellipsoid gibt dafür ein Beispiel in jedem seiner Punkte.

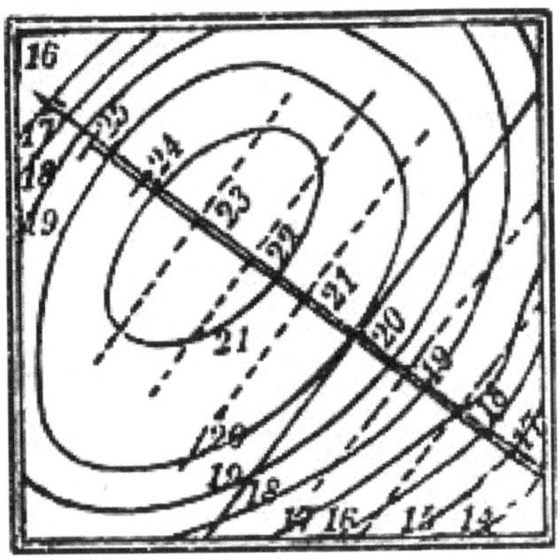

Fig. 55.

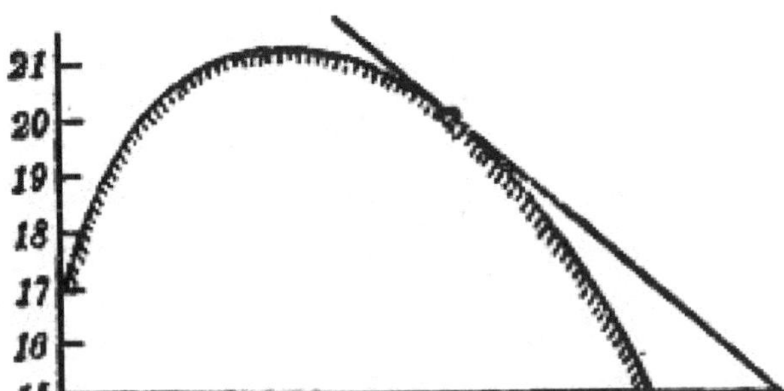

Fig. 55 a.

Oder zweitens die Berührungsebene durchdringt in der Nähe des Berührungspunktes die Fläche so, daß die Schnittkurve beider im Berührungspunkte einen Doppelpunkt besitzt. Dann heißt die Fläche daselbst *sattelförmig* (negativ oder hyperbolisch gekrümmt). Vgl. Fig. 56 und 56 a. Das einschalige Hyperboloid oder das hyperbolische Paraboloid ist in jedem seiner Punkte sattelförmig; die Schnittkurve besteht hier aus den beiden, sich im Berührungspunkte schneidenden erzeugenden Geraden.

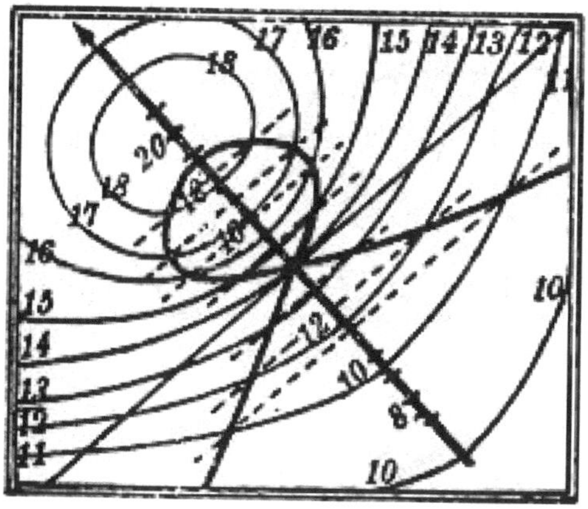

Fig. 56.

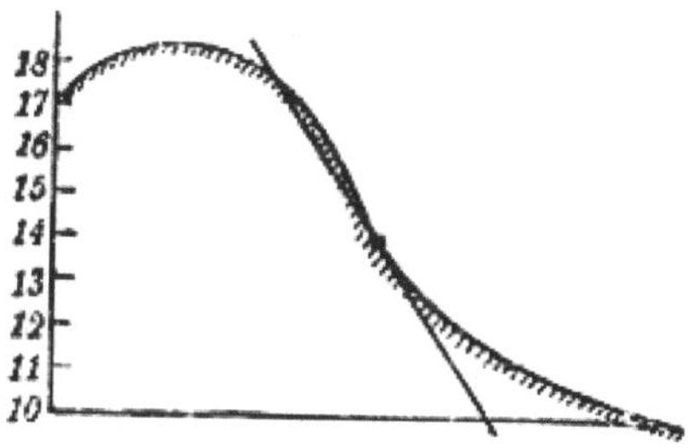

Fig. 56 a.

Oder drittens: die Berührungsebene dringt zwar ebenfalls in der Nähe des Berührungspunktes in die Fläche ein, aber so, daß die Schnittkurve beider nur einmal durch den Berührungspunkt geht. Dann heißt die Fläche in dem betreffenden Punkte *parabolisch* gekrümmt. Vgl. Fig. 57 und 57 a. Ein Kegel mit beliebiger Basis ist in jedem seiner Punkte parabolisch gekrümmt. Flächenstücke, deren sämtliche Punkte parabolisch gekrümmt sind, lassen sich ohne Dehnung und Faltung derartig verbiegen, daß sie Teile einer Ebene werden, oder, was dasselbe besagt, man kann sie auf eine Ebene abwickeln; daher heißen solche Flächen abwickelbar.

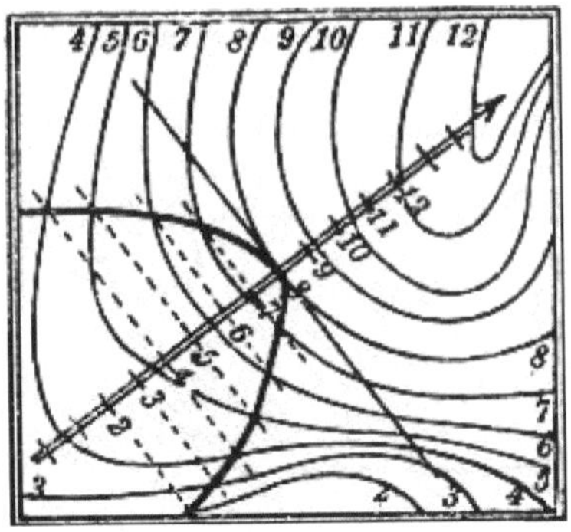

Fig. 57.

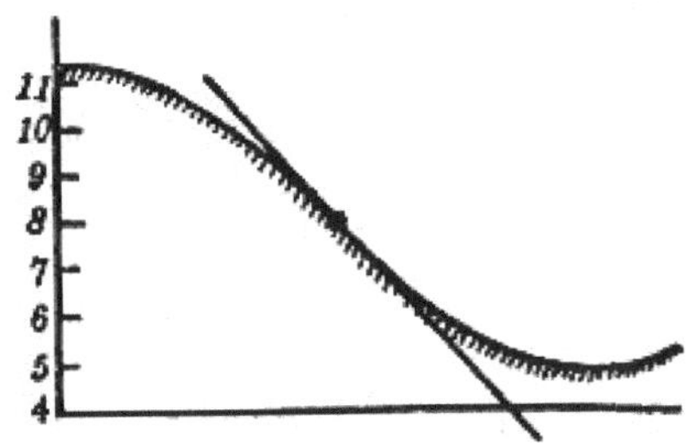

Fig. 57 a.

Es kann vorkommen, daß auf einer und derselben Fläche sowohl bauchige wie sattelförmige Teile vorhanden sind. Sie werden dann getrennt durch eine Kurve, die *Krümmungsgrenze* (Demarkationslinie, parabolische Kurve), in deren Punkten die Fläche parabolisch gekrümmt ist. Ein Beispiel dafür ist die in der Fig. 27 auf S. 18 abgebildete glockenförmige Umdrehungsfläche: *DD* bezeichnet die Krümmungsgrenze, der obere Teil ist bauchig, der untere sattelförmig.

§ 61. Der **Verlauf der Schicht- und Fallinien** längs einer Geländefläche ist äußerst mannigfaltig und scheinbar sehr regellos. Jedoch kann man oft aus dem bloßen Anblick dieser Linien in der Karte geometrische Eigenschaften der Fläche an der betrachteten Stelle herauslesen; und es ist für die Beschäftigung mit der Kartenkunde sehr wichtig, sich darin eine gewisse Übung zu verschaffen.

Da die Schichtlinien als Linien gleichen Wasserstandes aufgefaßt werden können, müssen sie auf einer nicht willkürlich begrenzten Geländefläche stets geschlossen sein. Keine zwei Schichtlinien verschiedener Höhen können sich schneiden. Bei Ausschluß überhängender Teile des Geländes gilt dies auch von den Projektionen der Schichtlinien in der Karte. Im allgemeinen geht durch jeden Punkt des Planes genau eine Schichtlinie; es gibt jedoch gewisse Ausnahmepunkte.

§ 62. **Gipfel-, Mulden- und Jochpunkt.** Zunächst gibt es solche Punkte, durch die keine Schichtlinie geht oder, genauer gesagt, deren zugehörige Höhenlinie auf den Punkt selbst zusammengeschrumpft ist. Es sind die Punkte, die höher oder tiefer liegen als sämtliche Punkte ihrer Umgebung. Sie heißen *Gipfel-* oder *Muldenpunkte*, je nachdem die benachbarten Schichtlinien, von ellipsenähnlicher Gestalt, kleinere oder größere Höhenzahlen haben (Fig. 58).

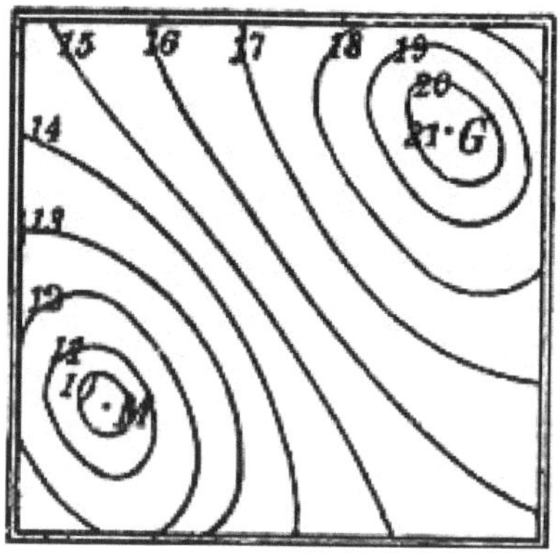

Fig. 58.

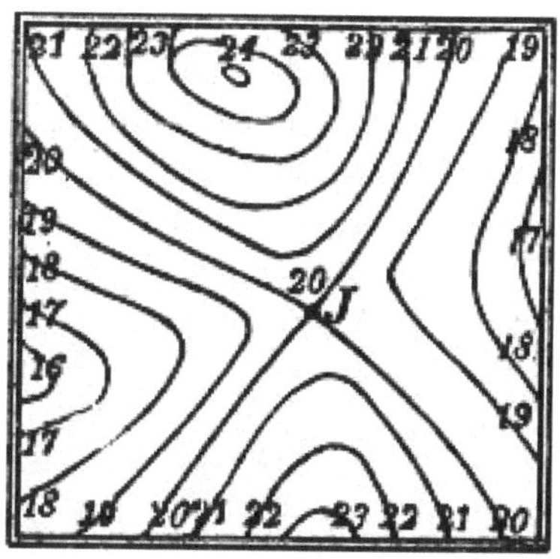

Fig. 59.

Sodann gibt es solche Punkte, durch die zwei, vielleicht auch mehrere Schichtlinien (derselben Höhenzahl) hindurchgehen. Der gewöhnlichste dieser Punkte ist der *Jochpunkt*, die tiefste Stelle zwischen zwei Erhebungen und Ausgangsstelle zweier durch einen Bergrücken getrennter Täler, oder auch, was dasselbe bedeutet, die höchste Stelle zwischen zwei Tälern und Ausgangsstelle zweier durch ein Tal getrennter Bergrücken (Fig. 59). Besondere Fälle treten ein, wenn mehrere Täler und mehrere Bergrücken von einem gemeinsamen Punkte entspringen, wovon die Fig. 60 ein Beispiel gibt.

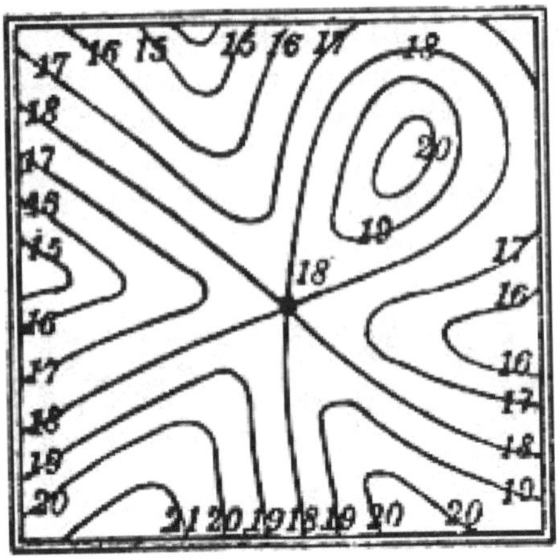

Fig. 60.

Die Berührungsebene in einem Gipfel- oder Mulden- oder Jochpunkte ist wagerecht, wie sich auch aus einer Betrachtung der Querprofile sogleich ergibt. Da sie in der Umgebung eines Gipfelpunktes ganz oberhalb der Fläche, in der Umgebung eines Muldenpunktes ganz unterhalb liegt, so ist die Fläche in diesen Punkten bauchig (§ 60). In einem Jochpunkt ist sie dagegen sattelförmig.

§ 63. **Wasserscheide und Talweg.** Im allgemeinen geht durch jeden Punkt einer Geländefläche genau eine Fallinie; aber auch hiervon gibt es Ausnahmen. Durch jeden Gipfel- und jeden Muldenpunkt gehen unzählig viele Fallinien, ebendie, welche die benachbarten elliptischen Schichtlinien der Umgebung senkrecht durchschneiden. Die Fig. 61 zeigt den Verlauf dieser Fallinien, wie ihn eine genauere Betrachtung, die hier zu weit führen wurde, erkennen ließe: die Fallinien berühren nämlich sämtlich die gemeinsame große Achse der Ellipsen im Mittelpunkt, dem in Rede stehenden Gipfel- oder Muldenpunkt, bis auf eine, die in Richtung der kleinen Achse verläuft. Wenn die Schichtlinien in der Umgebung eines Gipfel- oder Muldenpunktes angenähert konzentrische Kreise sind, wie es z. B. bei einer Umdrehungsfläche mit senkrechter Drehachse (vgl. Fig. 27 Seite 18) eintreten kann, dann verlaufen natürlich die Fallinien radial, und keine von ihnen ist bevorzugt (Kreispunkt oder Nabelpunkt).

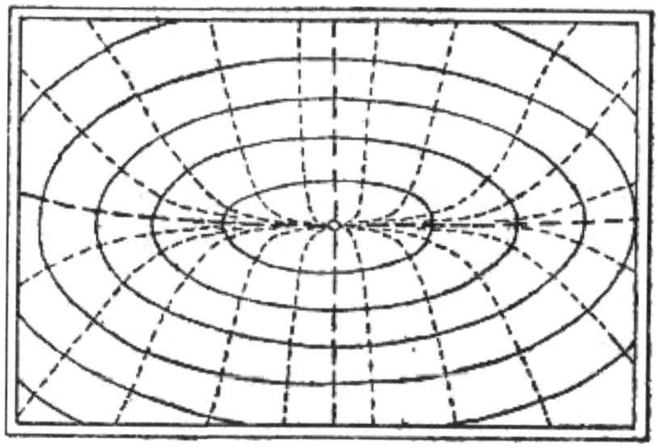

Fig. 61.

In der Nähe eines Jochpunktes verlaufen die Schichtlinien der Fläche angenähert wie Hyperbeln mit gemeinsamen Hauptachsenrichtungen und gemeinsamem Mittelpunkt. Den Verlauf der Fallinien zeigt die Fig. 62: durch den Jochpunkt selbst gehen zwei Fallinien in Richtung der Hauptachsen.

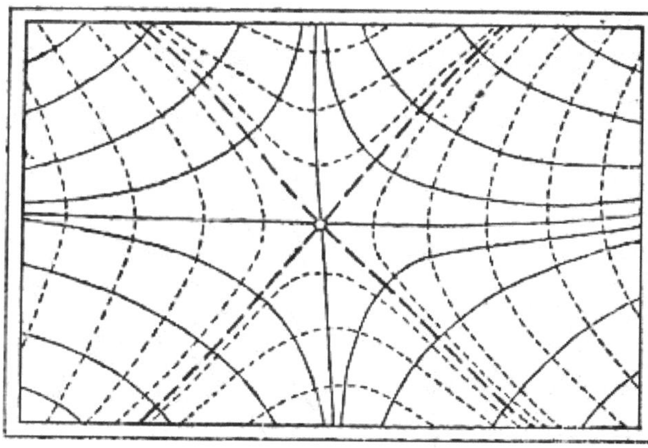

Fig. 62.

Auf manchen Flächen treten Fallinien auf, in deren Umgebung sich die benachbarten um so enger zusammendrängen, je näher sie an jenen liegen. Solche Fallinien sollen *ausgezeichnete Fallinien* heißen. Es kann ferner vorkommen, daß auf einer solchen ausgezeichneten Fallinie ein oder mehrere Punkte liegen, in denen benachbarte Fallinien wirklich einmünden oder aus denen sie entspringen, oder daß sich ihr die benachbarten Fallinien asymptotisch nähern (in einem sehr fernen Punkte einmünden). Eine derartige ausgezeichnete Fallinie mit Mündungspunkten (einschließlich asymptotischen Einmündens) heißt *Talweg*, falls die benachbarten Fallinien im Sinne abnehmender Höhen einmünden oder sich ihr im absteigenden Sinne asymptotisch nähern. Dagegen heißt sie *Kammweg* (Ruckenlinie, Wasserscheide), falls die Fallinien im Sinne aufsteigender Höhen einmünden,

d. h. aus ihnen entspringen. Eine ausgezeichnete Fallinie kann in ihrem Verlauf teils Talweg, teils Wasserscheide, teils keins von beiden sein. Der Name Talweg, der übrigens als deutsches Fremdwort in die französische Sprache eingedrungen ist (le thalweg), rührt von dem deutschen Wasserbaumeister *Wiebeking* († 1842) her. Die Begriffe des Talwegs und der Wasserscheide spielen bei der Festsetzung politischer Grenzen eine Rolle.

§ 64. *Fortsetzung.* Für jeden Gipfelpunkt, der kein Kreispunkt ist, bildet die in der Längsrichtung des Gipfels hindurchgehende Fallinie einen Kammweg; denn die benachbarten Fallinien entspringen, sie berührend, aus ihr im Gipfelpunkte (vgl. Fig. 61). Und für jeden Muldenpunkt, der nicht zugleich Kreispunkt ist, bildet die in der Längsrichtung die Mulde durchziehende Fallinie einen Talweg. Die Fig. 63 gibt den Verlauf eines Kammwegs *K* und eines Talwegs *T* mit sehr fernen Ursprungs- und Mündungspunkten wieder. Einem solchen Talweg entspricht in der Natur der Weg eines genügend langsam fließenden und schmalen Baches, der durch allmähliche Vereinigung kleinerer Wasseradern entsteht. Ein Kammweg bildet die Grenze zwischen zwei Abflußgebieten des Geländes.

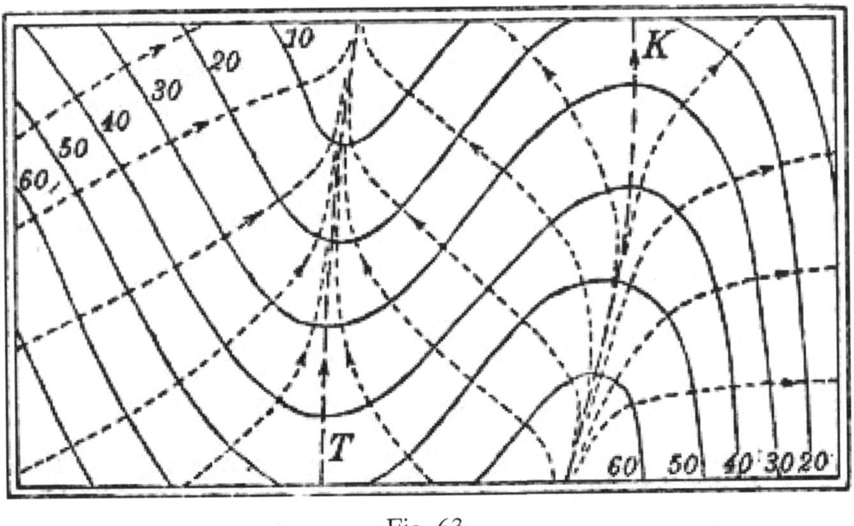

Fig. 63.

Von einem Jochpunkte (Fig. 62) gehen zwei ausgezeichnete Fallinien aus; der einen nähern sich benachbarte Fallinien im aufsteigenden, der anderen im absteigenden Sinne. Man darf aber im allgemeinen weder die erste als Kammweg noch die zweite als Talweg bezeichnen. Wenn die von einem Jochpunkte nach einer Mulde herabführende ausgezeichnete Fallinie die Mulde nicht in der Längsrichtung, sondern in der Querrichtung durchläuft, ist sie gewiß in diesem Stücke des Geländes kein Talweg. Die Fig. 64 gibt dies an; und die Fig. 65 das Gegenstück dazu, wo wirklich die Joch und Mulde verbindende Fallinie ein Talweg ist.

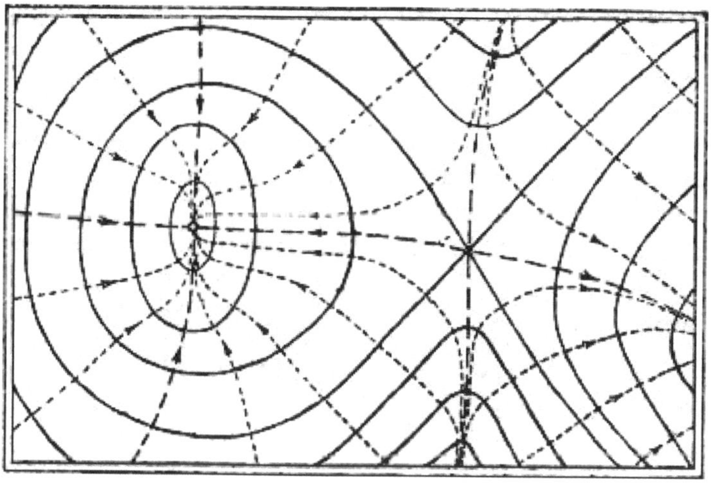

Fig. 64.

Auch wenn das von einem Joch herabziehende Tal sich so verflacht, daß die Fallinien sich zwar der durch den Jochpunkt gehenden ausgezeichneten Fallinie nähern, aber doch nicht in asymptotischer Weise, kann diese nicht Talweg sein. In der Natur würde dem etwa ein Tal entsprechen, das nicht zur Entstehung eines Wasserlaufes, sondern zu einer Art Sumpfbildung Anlaß gibt. Umgekehrt können aus einem Hochmoore Wasseradern abgehen, ohne daß dort von einer eigentlichen Wasserscheide gesprochen werden kann (Fig. 66).

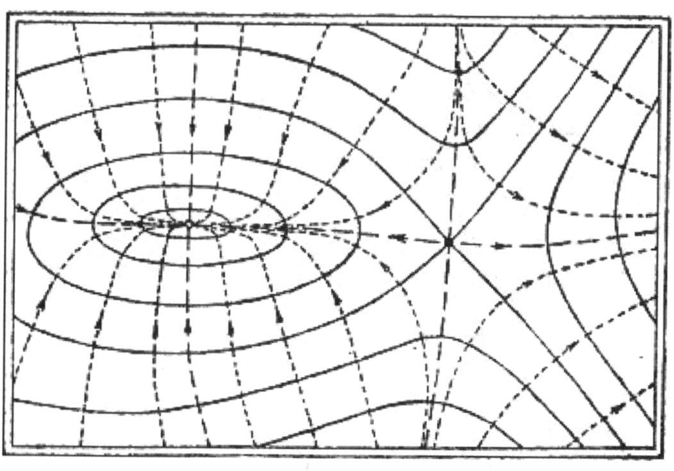

Fig. 65.

Bemerkenswert ist noch der Fall, wenn auf einer ausgezeichneten Fallinie ein parabolischer Punkt der Geländefläche gelegen ist (§ 60). Die Fig. 67 gibt davon ein Beispiel. In dem parabolischen Punkte hat hier die Schichtlinie, auf der er liegt, eine Spitze, und in ihr endigen alle Fallinien, die – wie in der Figur angegeben – aus größeren Höhen kommen. Die ausgezeichnete, durch den parabolischen Punkt gehende Fallinie ist also in ihrem oberen Teile gewiß ein Talweg. Ob sie es dagegen auch in ihrem unteren Teile ist, hängt davon ab, ob sich dort ebenfalls ein Mündungspunkt befindet (in der Figur ist das nicht der Fall).

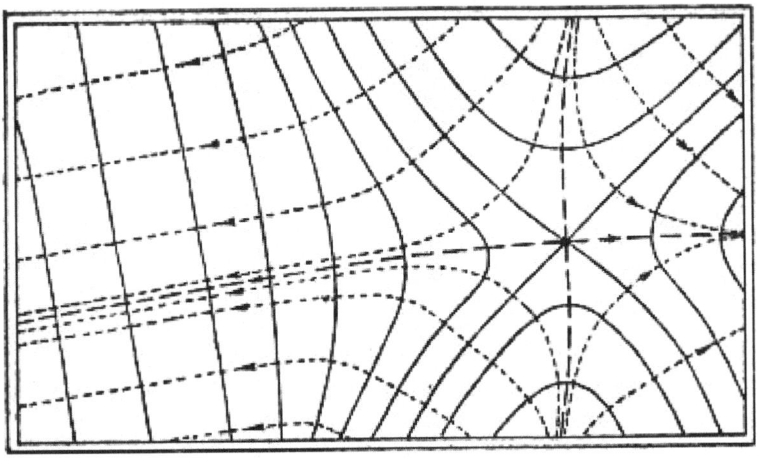

Fig. 66.

Da durch eine Karte immer nur ein beschränkter Teil des Geländes gegeben sein kann, so wird es praktisch unmöglich sein, bei Geländeflächen ein asymptotisches Einmünden genau festzustellen, und man wird daher auch in dem Falle von einem Talweg und einem Kammweg reden, wenn genügend viele benachbarte Fallinien der Zeichnung innerhalb der Zeichengenauigkeit in die ausgezeichnete Fallinie übergehen.

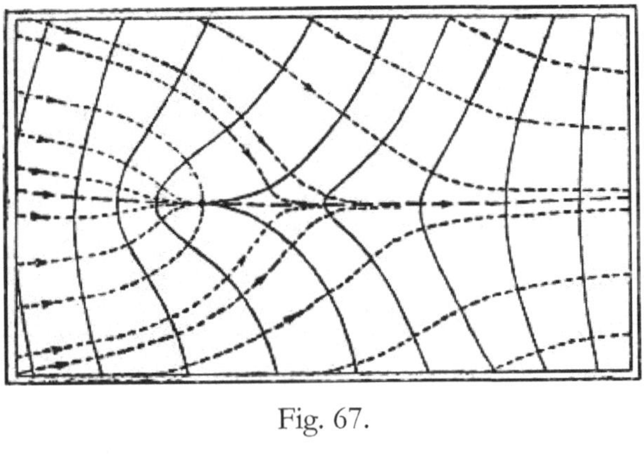

Fig. 67.

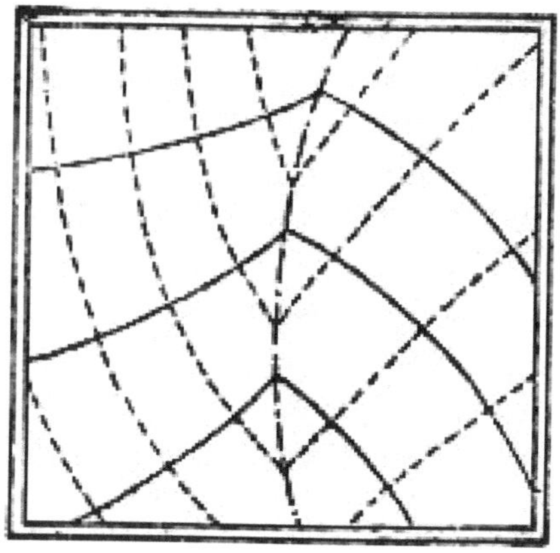

Fig. 68.

Um in einer Geländekarte alle Talwege und Wasserscheiden zu finden, wird man unter den Fallinien zunächst die ausgezeichneten aufsuchen, d. h. diejenigen, in deren Nähe sich die übrigen mehr und mehr zusammendrängen. Unter ihnen hat man aber nur diejenigen beizubehalten, auf denen Mündungspunkte der übrigen gelegen sind, oder in die genügend viele benachbarte Fallinien innerhalb der Zeichengenauigkeit übergehen. Talweg und Kammweg sind durch die Art der Annäherung, ob bei fallender oder steigender Höhe, leicht zu unterscheiden.

Die Schichtlinien sowohl wie die Fallinien verlaufen immer stetig, können aber Ecken, Doppelpunkte und dergleichen Ausnahmestellen haben. Ecken treten ein, wenn das Gelände Grate oder scharf ausgeschnittene Rinnen besitzt. Da in jedem Punkte eines einfachen Grates zwei verschiedene Berührungsebenen an die Geländefläche möglich sind, gehen durch diesen Punkt auch zwei verschiedene Fallinien; ein Grat enthält daher die Ursprungspunkte von Fallinien und wird demnach zu den Wasserscheiden zu rechnen sein, obwohl er im allgemeinen selbst keine Fallinie ist. Dasselbe gilt entsprechend von einer Rinne (vgl. Fig. 68). Die allgemeine Untersuchung solcher Stellen einer Geländefläche ist schwierig, erfordert weitergehende Hilfsmittel und würde daher hier zu weit führen.

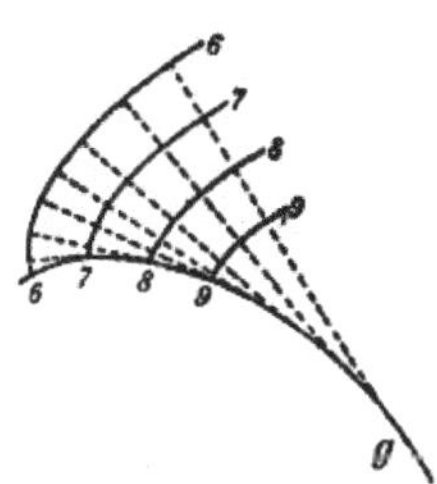

Fig. 69.

§ 65. **Böschungsfläche.** Eine Fläche, auf der sämtliche Fallinien Geraden sind, heißt Böschungsfläche. Es genügt dazu offenbar nicht, daß die Projektionen der Fallinien sämtlich gerade Linien sind, sondern es ist weiter notwendig, daß die Schichtlinien auf jeder einzelnen von ihnen jedesmal gleiche Stücke ausschneiden. Daraus folgt, daß die Schichtlinien äquidistante Kurven sind (Fig. 69).

Alle Punkte derselben geradlinigen Fallinie haben dieselbe Berührungsebene. Eine Böschungsfläche ist daher in jedem ihrer Punkte parabolisch gekrümmt (§ 60). Sie ist demnach eine abwickelbare Fläche, d. h. man kann eine bewegliche Ebene so auf ihr ohne Gleiten abrollen, daß sie sie immer längs einer Geraden berührt; umgekehrt kann man daher auch die Fläche auf einer Ebene so abwickeln, daß immer Berührung längs einer Geraden besteht.

Von den Böschungsflächen macht man sehr häufig bei der Aufführung von Erdarbeiten, bei der Aufschüttung von Dämmen, Halden u. dgl. Gebrauch. Davon wird in den Aufgaben noch wiederholt die Rede sein.

§ 66. **Böschungsstreifen.** Bei der zeichnerischen Darstellung einer Geländefläche durch ihre Schichtlinien ist es oft zweckmäßig, diese nötigenfalls durch Einschalten nach § 56 so dicht nebeneinander verlaufen zu lassen, daß jeder zwischen zwei aufeinanderfolgenden Schichtlinien enthaltene Teil einer Fallinie innerhalb der Zeichengenauigkeit als geradlinig zu betrachten ist. Das bedeutet dann also, daß jeder zwischen zwei aufeinanderfolgenden Schichtlinien enthaltene Streifen einer Geländefläche als Teil einer Böschungsfläche anzusehen ist: Böschungsstreifen. Man kann demnach sagen, daß eine Geländefläche durch ihre Schichtlinien »mit genügender Genauigkeit« gegeben ist, wenn ein jeder innerhalb zweier aufeinanderfolgenden Schichtlinien gelegene Streifen durch den zugehörigen Böschungsstreifen ohne merklichen Fehler ersetzt werden kann.

§ 67. **Gratlinie.** Eine Böschungsfläche ist vollständig bestimmt, wenn der Böschungswinkel und eine ihrer Höhenlinien gegeben ist; denn die Fallinien sind die Normalen der gegebenen Höhenlinie, der Böschungswinkel bestimmt ihre Stufung, und die Schichtlinien lassen sich sodann als Parallelkurven zu der gegebenen Höhenlinie konstruieren (§ 65). Alle ebenen Parallelkurven haben eine gemeinsame Evolute (§ 43), die Hüllkurve ihrer gemeinsamen Normalen; faßt man also die Parallelkurven und ihre Normalen als die Projektionen der Schicht- und Fallinien einer Böschungsfläche auf, so entspricht der Evolute eine auf der Fläche gelegene Raumkurve, längs der sich benachbarte Fallinien schneiden. Sie bildet also einen scharfen Grat der Fläche und heißt daher ihre *Gratlinie.* Eine aufgewehte Schneewächte gibt oft ein Bild einer Böschungsfläche und ihrer Gratlinie (Fig. 69 bei *g*).

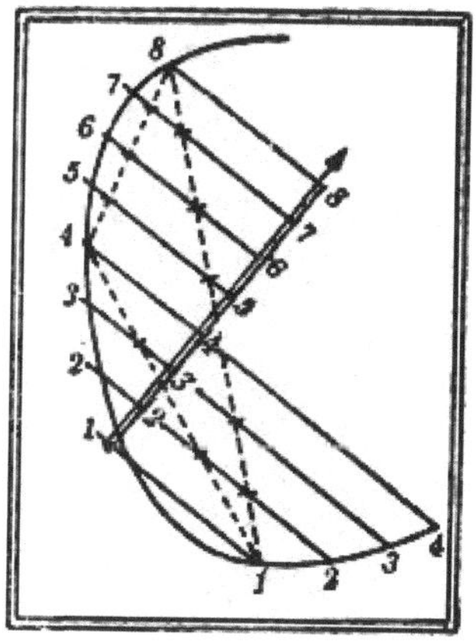

Fig. 70.

§ 68. **Ebene Raumkurven.** Wenn eine Raumkurve und eine Fläche gegeben sind, so ist leicht festzustellen, ob die Kurve auf der Fläche gelegen ist. Denn dies ist nur der Fall, wenn die Punkte der Kurve auf den gleichkotierten Schichtlinien der Fläche liegen.

Raumkurven, deren sämtliche Punkte derselben Ebene angehören, heißen eben. Um von einer gegebenen Raumkurve festzustellen, ob sie eben ist, hat man durch drei ihrer Punkte nach § 9 eine Ebene zu legen und nachzusehen, ob ihre Streichgeraden die Kurve in Punkten schneiden, deren Höhenzahlen mit denen der zugehörigen Schichtlinien übereinstimmen (Fig. 70). Die Schmiegungsebene (§ 52) einer ebenen Raumkurve fällt mit der Ebene der Kurve zusammen. Wenn die Ebene der Kurve lotrecht steht, wird die Projektion der Kurve durch eine Gerade mit im allgemeinen ungleichmäßiger Stufung dargestellt.

§ 69. **Böschungsfläche einer Raumkurve.** Zu jedem Punkte einer gegebenen Raumkurve läßt sich ein Kegel gegebener Böschung konstruieren, der den Punkt als Spitze hat. Sämtliche so konstruierten Böschungskegel derselben Böschung hüllen eine Fläche ein, eine *Böschungsfläche* der Raumkurve; sie besteht aus zwei Teilen, die sich längs der Raumkurve durchschneiden. Jede ihrer Schichtlinien ergibt sich als Hüllkurve gleichkotierter Kreise, nämlich der Schichtkreise jener Böschungskegel. In der Karte der Fläche liegen die Mittelpunkte dieser Kreise auf der Projektion der Raumkurve, und ihre Radien erhält man aus dem Höhenunterschiede zwischen Mittelpunkt und zu konstruierender Schichtlinie durch Multiplikation mit dem gegebenen Böschungsverhältnis (Fig. 71).

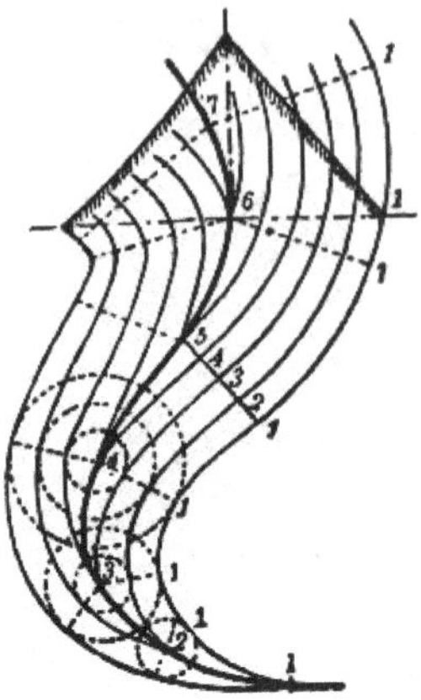

Fig. 71.

Von jedem Punkte der Raumkurve geht nach beiden Seiten eine Fallinie der Böschungsfläche aus; die beiden zugehörigen Berührungsebenen (vgl. § 65) schneiden sich in der zugehörigen Tangente der Raumkurve, und die Projektion dieser Tangente halbiert den Winkel der Projektionen der beiden Fallinien. Man beachte übrigens, daß im allgemeinen ein die Projektion der Raumkurve normal durchsetzendes Querprofil der Böschungsfläche nicht ein Dreieck ergibt, sondern eine krummlinige Schnittfigur. Die Figur bringt das zum Ausdruck.

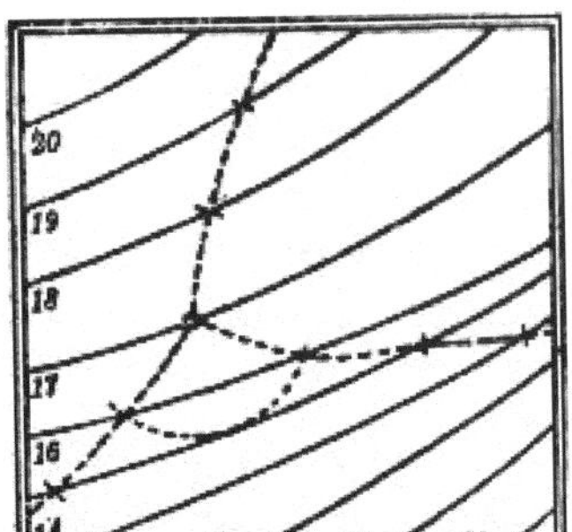

Fig. 72.

§ 70. **Böschungslinien auf einer Fläche.** Auf einer durch ihre Schichtlinien gegebenen Geländefläche lassen sich von jedem Punkte aus zwei Kurven von konstantem Gefälle (Böschungslinien, § 50) ziehen, wenn nur das Gefälle nicht größer ist als das der Fallinien der Fläche in den Punkten der beiden Kurven. Um diese zu konstruieren, ermittle man zunächst aus dem gegebenen Böschungsverhältnis das Intervall der Böschungslinie. Unter der Voraussetzung, daß die Schichtlinien genügend nahe gezeichnet sind, zieht man mit dem Intervall als Radius um den gegebenen Punkt als Mittelpunkt einen Kreis. Entweder schneidet dieser eine der beiden nächstfolgenden Hauptschichtlinien in zwei Punkten, die auch zusammenfallen können, oder er schneidet sie nicht; im letzteren Falle ist das gegebene Gefälle zu groß, im ersteren sind reelle Böschungslinien der vorgeschriebenen Böschung von dem gegebenen Flächenpunkte aus möglich, und man erhält weitere Punkte von ihnen, indem man dieselbe Konstruktion von jedem der beiden Schnittpunkte aus fortsetzt. Wenn man die erhaltenen Punkte in geeigneter Weise verbindet, bekommt man die gesuchten Böschungslinien mit oder ohne Kehren (Fig. 72). Im allgemeinen gehen von jedem Flächenpunkte zwei verschiedene Böschungslinien aus, längs deren das Gefälle einen gegebenen Wert hat.

Die auf einer Geländefläche angelegten Wege, Eisenbahnlinien u. dgl. verlaufen in der Regel auf längere Strecken mit unveränderlichem Gefälle. Die Konstruktion von Böschungslinien hat daher ein gewisses praktisches Interesse. Wenn auch durch Aufschüttung und Abtrag des Geländes größere Krümmungen eines anzulegenden Weges vermieden werden, so wird seine Führung doch im allgemeinen durch eine Böschungslinie bestimmt. Dabei wird besonders die im folgenden Paragraphen erörterte Aufgabe benutzt.

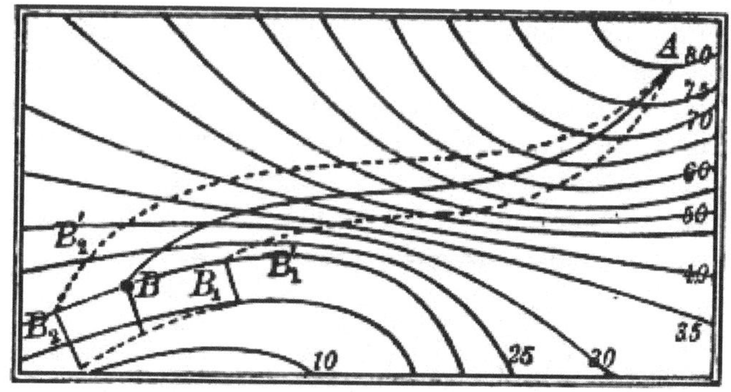

Fig. 73.

§ 71. *Aufgabe.* Bei der Lösung der Aufgabe, zwei gegebene Punkte einer Fläche durch eine Kurve von konstanter Steigung zu verbinden, hat man sich eines geometrischen Näherungsverfahrens zu bedienen. Man konstruiert zunächst, von dem einen der gegebenen Punkte A (Fig. 73) ausgehend, eine solche Böschungslinie, die in der Nähe des andern gegebenen Punktes B die durch diesen gehende Schichtlinie schneidet. Die Ausführung der Konstruktion zeigt, ob das benutzte Intervall zu groß oder zu klein ist, wonach man es zu verbessern hat. Mit dem verbesserten Intervall wiederholt man dieselbe Konstruktion usw., und nähert sich auf diese Weise mehr und mehr dem passenden Werte des Intervalls. Zweckmäßig ist es dabei, den Punkt B zwischen zwei der gezeichneten Böschungslinien einzuschließen; AB_1, AB_2, … seien solche Näherungskurven, $B_1'B_1$ und $B_2'B_2$ … seien die zugehörigen Intervalle. Man trage in den Punkten B_1, B_2, B_3 usw. diese zugehörigen Intervalle normal zur Schichtlinie, also längs der Fallinien auf und verbinde die erhaltenen Endpunkte durch eine glatte Kurve (§ 38); diese gestattet das gesuchte Intervall zu entnehmen.

§ 72. **Schnitt zweier Flächen.** Das Verfahren, nach dem die Schnittlinie einer Geländefläche mit einer Ebene konstruiert wird, läßt sich genau ebenso anwenden auf die Bestimmung der Schnittkurve zweier beliebiger Flächen miteinander. Denn die Punkte dieser Schnittkurve gehören beiden Flächen gemeinsam an, müssen also auf den gleichhohen Schichtlinien der beiden Flächen gelegen sein: man erhält sie als Schnittpunkte gleichkotierter Schichtlinien.

Davon macht man sehr häufig Gebrauch bei der Bestimmung der Grenzlinie einer Böschungsfläche mit der gegebenen Geländefläche. Darauf bezieht sich die Fig. 74, in der die Aufschüttung einer Halde oder eines Dammes mit wagerechter Krone dargestellt ist. Die wagerechte Verbindungslinie der beiden Punkte *A* und *B* (Höhe 20) kann etwa als Führungslinie eines auf einem Gestänge angelegten Schienengeleises für Kippwagen aufgefaßt werden, von dem aus die Halde aufgestürzt wird. Kennt man den Böschungswinkel, unter dem das Fördergut der Halde sich ablagert, so kann man nach § 65 ihre Schichtlinien als Parallelkurven der Geleisführung konstruieren. Die Schnittpunkte dieser Parallelkurven mit den gleichkotierten Schichtlinien des Geländes bestimmen alsdann nach dem oben Gesagten die Schnittkurve der Halde mit dem Gelände. – Die damit gelöste Aufgabe ist eine Erweiterung der in § 32 besprochenen.

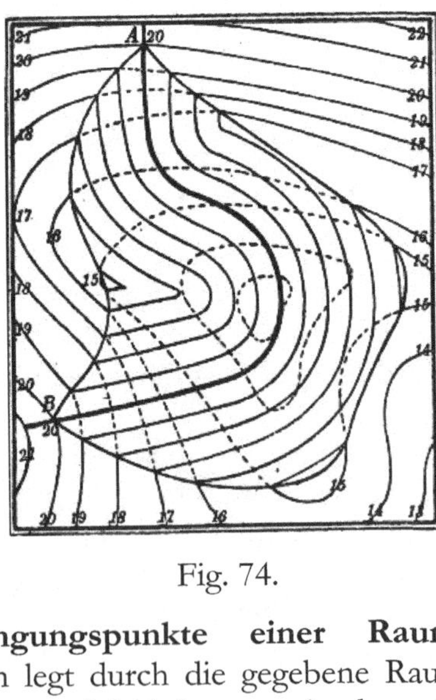

Fig. 74.

§ 73. **Durchdringungspunkte einer Raumkurve mit einer Geländefläche.** Man legt durch die gegebene Raumkurve eine beliebige Fläche, bestimmt deren Schnittkurve mit dem Gelände, wie in § 72 angegeben, und konstruiert schließlich die gemeinsamen Punkte dieser Schnittkurve mit der gegebenen Raumkurve. Offenbar wird man die Hilfsfläche selber nur in der Nähe der Durchdringungspunkte benötigen.

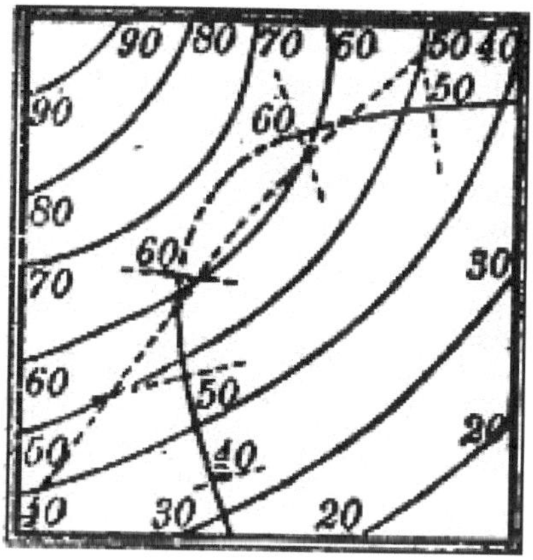

Fig. 75.

Als Hilfsfläche nimmt man zweckmäßig die windschiefe Planierungsfläche (§ 51), weil ihre Schnittkurve mit dem Gelände, die *Nullinie*, am besten darüber Aufschluß gibt, welche Teile der Raumkurve oberhalb des Geländes und welche unterhalb gelegen sind (Fig. 75; die Nullinie ist ganz gestrichelt).

Die Bestimmung der Durchstoßpunkte einer Kurve mit dem Gelände ist oft bei der Linienführung einer Eisenbahnlinie oder dgl. in gebirgigem Gelände auszuführen. Sie zeigt dann, an welchen Stellen die Bahnlinie in den Erdkörper eindringt, welche Erdbewegungen, Tunnelanlagen u. dgl. vorzunehmen sind.

Um zu bestimmen, ob ein Punkt des Geländes von irgendeinem anderen Punkte aus *sichtbar* ist, braucht man nur festzustellen, ob die Verbindungsgerade das Gelände nicht trifft. Es genügt dazu, diese Gerade zu graduieren und nachzusehen, ob in der Projektion für jeden Punkt der Geraden die Höhenzahl auch nicht kleiner ist als für denselben Punkt auf dem Gelände.

IV. AUFGABEN UND ANWENDUNGEN

§ 74. **Zweck der Aufgaben.** In den folgenden Paragraphen werden eine Reihe von Aufgaben besprochen, die zu ihrer Lösung der in den früheren Abschnitten entwickelten Konstruktionen bedürfen. Zumeist sind sie praktischen Fragen entsprungen oder doch unmittelbar auf solche anwendbar, die sich bei der Benutzung der Karte eines Geländes darbieten. Der Kürze wegen sind den gestellten Aufgaben nicht die Lösungen in ausführlicher Darstellung, sondern nur allgemeine Angaben über den einzuschlagenden Weg beigegeben, die indessen in jedem Falle zur Konstruktion ausreichen. Der Leser wird gut tun, die angedeutete Lösung wirklich zeichnerisch auszuführen, und zwar dürfte es sich in der Regel empfehlen, den Maßstab mindestens doppelt so groß zu wählen, als ihn die Figuren angeben, die ja nur als Skizzen dienen sollen.

§ 75. **Aufschüttung und Abtrag eines Eisenbahndammes** zu konstruieren, von dem die Führungslinie, die Breite, das Gefälle und die Dammböschungen gegeben sind. Die Dammkrone bildet einen Streifen der zur gegebenen Führungslinie gehörigen Planierungsfläche (vgl. § 51). Man graduiert die Führungslinie nach dem gegebenen Gefälle – in der Figur ist das Gefälle in der Kurve geringer angenommen als auf der geraden Strecke – , wodurch dann zugleich auch die beiden Begrenzungen der Dammkrone mit graduiert sind. Jetzt zeichnet man nach § 69 beiderseits die Böschungsflächen der Dammbegrenzungen, schließlich nach § 72 die Schnittlinien mit dem Gelände. In der Figur 76 sind die ursprünglichen, aber durch den Damm verschütteten oder durch den Abtrag weggenommenen Schichtlinien des Geländes punktiert gezeichnet; und die ausgezogenen Schichtlinien stellen somit diejenigen des Geländes *nach* der Anlage des Dammes dar.

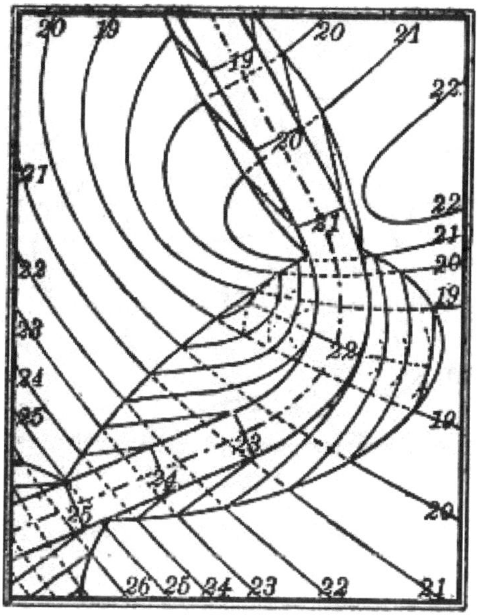

Fig. 76.

§ 76. **Die Ausstrichlinie einer Mulde mit dem Gelände zu bestimmen.** Die Mulde soll ellipsoidische Gestalt haben mit einer lotrechten Hauptachse; ihre Abmessungen sind durch zwei lotrechte Hauptschnitte gegeben (Fig. 77).

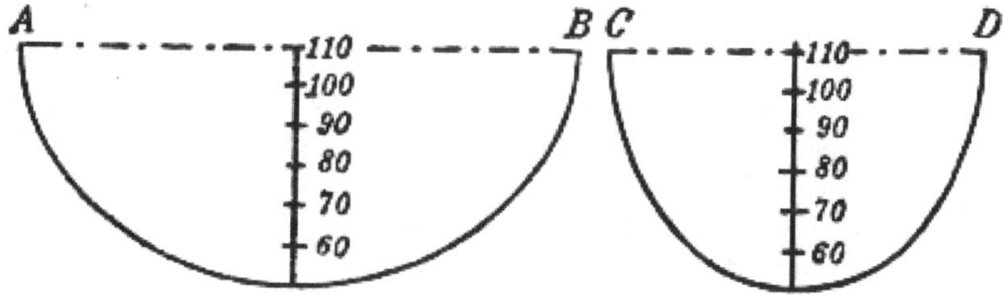

Fig. 77.

Die Schichtlinien der Mulde sind Ellipsen (Fig. 78), deren Hauptachsen aus den beiden gegebenen Querprofilen zu entnehmen sind. Die Ellipsen werden hier am einfachsten nach der bekannten Papierstreifenmethode gefunden. Durch die Schnittpunkte dieser Ellipsen mit den gleichkotierten Höhenlinien des Geländes ist dann, wie in der vorigen Aufgabe, die gesuchte Verschneidung bestimmt. Wenn es nur auf diese Verschneidung ankommt, braucht man von den Ellipsen ersichtlich jedesmal nur die Punkte in der Nähe der gleichkotierten Schichtlinien zu bestimmen.

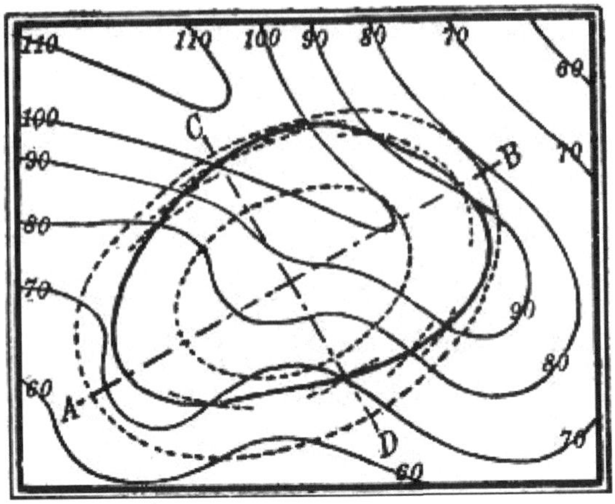

Fig. 78.

§ 77. **Schnittkurve einer zylindrischen Fläche mit dem Gelände.** Diese Aufgabe kommt in der Geologie vor, wenn es sich darum handelt, die Ausstrichlinie einer gefalteten Schicht (Sattelfalte) zu ermitteln. Durch die Beobachtung gefunden seien das Streichen und Einfallen der Schicht an irgendeinem Punkte, d. h. Streichen und Fallen der Zylindergeraden; ferner sei gegeben ein scheinbares Profil der Schicht, d. h. die Schnittkurve des Zylinders mit einer beliebig gegebenen Ebene. In der Fig. 79 sei *g* eine Zylindergerade, deren Graduierung aus dem beobachteten Streichen und Fallen ermittelt sei. Der Gefällemaßstab der Ebene des aufgenommenen Profils *p* sei (*E*), ebenfalls aus den beobachteten Daten konstruiert. Um die gesuchte Schnittkurve zu zeichnen, bestimme man zunächst die Höhenlinien des Zylinders. Zu dem Zwecke ziehe man durch die Punkte des scheinbaren Profils *p*, das durch die Streichlinien seiner Ebene (*E*) gestuft ist, die erzeugenden Geraden des Zylinders, d. h. man ziehe Parallelen zu *g*, und graduiere diese, von den Punkten des Profils *p* ausgehend, mit dem gleichen Intervalle wie *g*. Die Verbindung der Punkte gleicher Höhenzahlen dieser Geraden ergibt die erwähnten Schichtlinien (in der Figur gestrichelt); sie sind untereinander kongruent und gehen aus einer von ihnen durch Parallelverschiebung längs der Richtung *g* hervor (vgl. § 21). Sie schneiden die gleichkotierten Höhenlinien des Geländes in Punkten der gesuchten Grenzkurve.

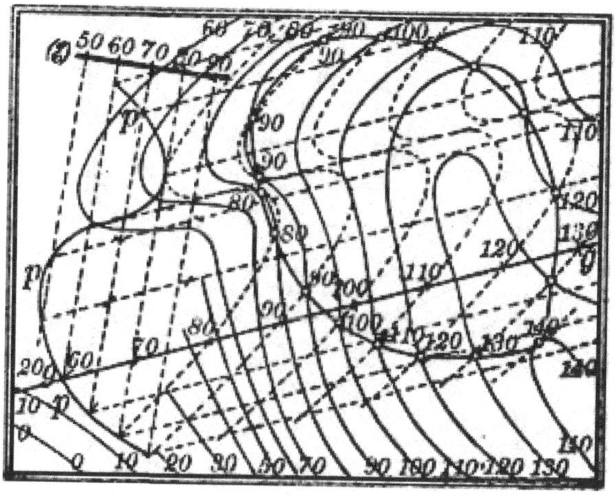

Fig. 79.

Wenn man sich aus steifem Papier ein Muster der Schichtlinie des Zylinders ausschneidet und darauf mindestens zwei Punkte bezeichnet, durch die die entsprechenden Mantelgeraden gehen sollen, so kann man sich damit die Konstruktion der Grenzkurve sehr erleichtern. Denn durch Parallelverschiebung des Musters längs zweier gestufter Mantelgeraden kann man die Schnittpunkte der Geländeschichtlinien mit den gleichkotierten des Zylinders unmittelbar finden, ohne erst diese zeichnen zu müssen.

§ 78. **Um eine gegebene Geländefläche einen Zylinder mit wagerechten Mantelgeraden zu umschreiben.** Die Richtung g der wagerechten Mantelgeraden des Zylinders sei gegeben. Man hat dann nur an die Schichtlinien der Geländefläche Tangenten zu legen, die der gegebenen Richtung parallel sind. Der geometrische Ort der Berührungspunkte ist die Berührungskurve der Fläche und des Zylinders. Sie ist der *Umriß* der Fläche, wenn diese in der gegebenen Richtung aus sehr weiter Ferne betrachtet wird (Fig. 80 gestrichelt).

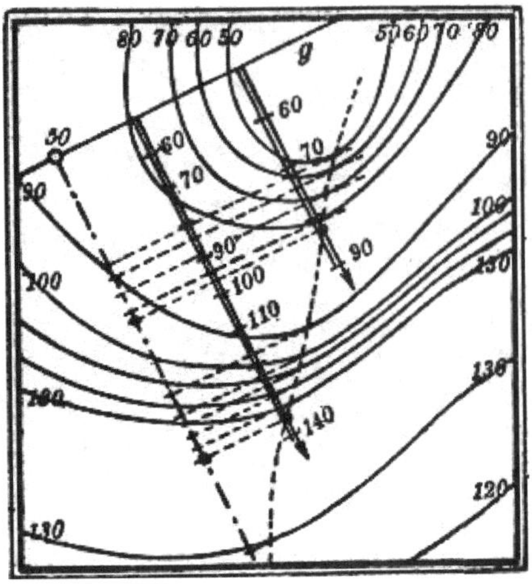

Fig. 80.

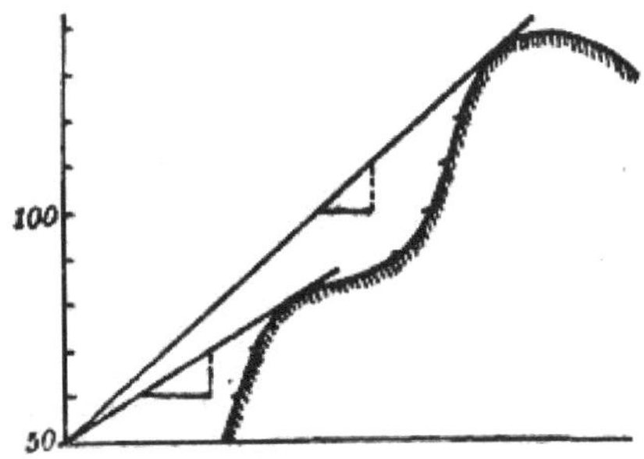

Fig. 81.

§ 79. **Durch eine gegebene wagerechte Gerade die Berührungsebenen an eine Geländefläche zu legen.** Die gesuchten Berührungsebenen stimmen mit denen überein, die sich durch dieselbe Gerade *g* an den der Fläche umschriebenen Zylinder legen lassen, dessen Mantelgeraden ebenfalls wagerecht und zu *g* parallel sind. Man konstruiere also diesen Zylinder, wie in § 78 angegeben. Man lege weiter senkrecht zu den Mantelgeraden ein Querprofil (§ 54). Es wird auch die gegebene Gerade *g* in einem bestimmten Punkte schneiden. Die Tangenten von diesem Punkte an das Querprofil sind die Durchschnittsgeraden der gesuchten Berührungsebenen mit der Querschnittsebene. Daraus sind die Berührungspunkte und die Gefällemaßstäbe der Berührungsebenen leicht zu entnehmen (Fig. 80 u. 81).

§ 80. **Umschriebener Zylinder mit beliebig gegebener Richtung der Mantelgeraden.** Die gegebene Richtung sei durch eine gestufte Gerade *g* dargestellt. Man legt parallel zu ihr eine genügende Anzahl Vertikalschnitte durch die gegebene Geländefläche, zeichnet die zugehörigen Profile (§ 54) und legt an sie Tangenten in Richtung der gegebenen Geraden. Die Berührungspunkte *B* überträgt man aus der Profilzeichnung wieder in die Karte der Fläche und erhält so darin diejenige Kurve *b*, möglicherweise mehrere, längs denen der oder die Zylinder die Fläche berühren (Fig. 82 und 83). In der Figur sind vier zu *g* parallele Querprofile gezeichnet, die mit 1 bis 4 angemerkt sind; der Deutlichkeit wegen ist 3 um 30 und 4 um 10 Höheneinheiten niedriger gelegt, als der Wirklichkeit entspricht. An jedes Profil lassen sich hier zwei zu *g* parallele Tangenten legen, es kommen also je zwei Berührungspunkte *B*, zwei Berührungskurven *b* und daher auch zwei Zylinder zum Vorschein, von denen der eine von unten, der andere von oben der Fläche umschrieben ist.

Überträgt man zu den Berührungspunkten *B* auch ihre Höhenzahlen aus der Profilzeichnung, so läßt sich sehr leicht für jeden Zylinder die Schar der Schichtlinien konstruieren. Da jede Schar aus kongruenten Kurven besteht, die auseinander durch Parallelverschiebung längs der Richtung *g* hervorgehen, so genügt es, je eine der Schichtlinien zu zeichnen. Man hat zu dem Zweck durch die Punkte *B* die zu *g* parallelen Erzeugenden zu ziehen und sie, von *B* ausgehend mit demselben Intervall wie *g* zu graduieren. Die Verbindungslinien der Punkte gleicher Höhenzahlen ergeben die gesuchten Schichtlinien *s*; in der Figur ist für den einen Zylinder die Schichtlinie *s* = 110, für den anderen die Schichtlinie *s* = 50 gezeichnet worden.

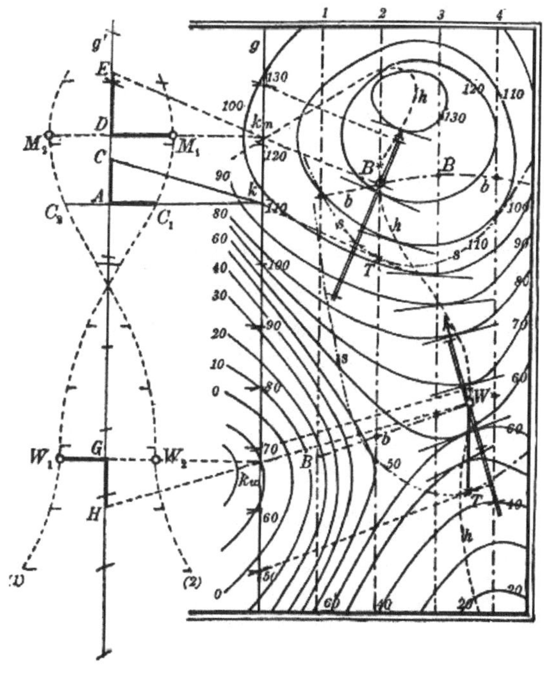

Fig. 82.

§ 81. **Berührungsebene.** Man kann die eben ausgeführte Konstruktion des umgeschriebenen Zylinders benutzen, um an eine gegebene Geländefläche eine Berührungsebene zu legen, die durch eine gegebene Gerade geht. – Ist *g* die gegebene Gerade, so konstruiert man zunächst, wie eben gezeigt, den umschriebenen Zylinder, dessen Mantelgeraden die Richtung *g* haben. Eine Schichtlinie *s* dieses Zylinders genügt zur Konstruktion der gesuchten Berührungsebene. Denn zieht man von dem Punkte der gegebenen Geraden *g*, der genau die Höhe *s* hat, an die Schichtlinie *s* die Tangente (in der Figur 82: *s* = 110 und *s* = 50, Berührungspunkte *T*), so ist diese eine Streichlinie der durch *g* gehenden Berührungsebene des Zylinders. Diese Berührungsebene berührt aber auch die gegebene Geländefläche, und man findet ihren Berührungspunkt B^* als Schnittpunkt der Mantelgeraden TB^* mit der Berührungskurve *b*. In der Figur sind zwei solche Berührungspunkte (B^* und *W*) und demnach zwei verschiedene Berührungsebenen vorhanden; ihre Gefällemaßstäbe (in der Figur angegeben) sind leicht zu zeichnen.

§ 82. **Andere Konstruktion des umschriebenen Zylinders und der Berührungsebene.** Die eben auseinandergesetzte Konstruktion der Berührungsebene ist wegen der zahlreichen Querschnitte, die zu zeichnen sind, wenig bequem und auch wenig genau; doch ist sie, etwa zur Prüfung des folgenden Verfahrens, dann gut brauchbar, wenn man die ungefähre Lage der Berührungspunkte kennt und daher mit wenigen Vertikalschnitten auskommt.

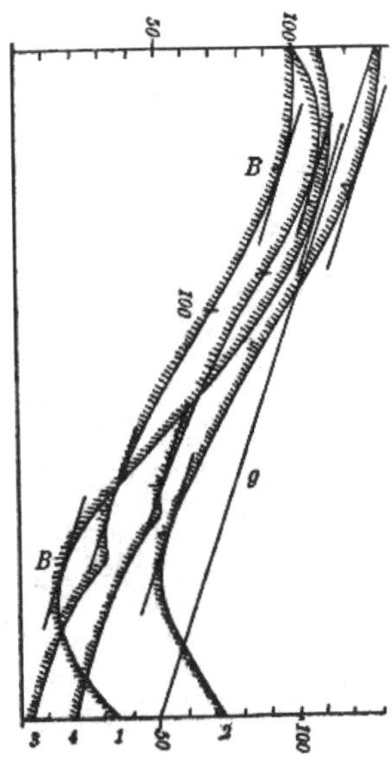

Fig. 83.

Der zweite Weg zur Lösung der Aufgabe, an eine Geländefläche eine Berührungsebene zu legen, die durch eine gegebene Gerade geht, ist zwar etwas weniger leicht verständlich, aber zeichnerisch einfacher und meist auch genauer als der obige. – Wenn man von den Punkten der gegebenen Geraden *g* an die gleichkotierten Schichtlinien der Fläche Tangenten legt, so stellen diese die Schichtlinien einer geradlinigen Fläche dar, die durch die Gerade *g* geht und die Geländefläche berührt. Die Berührungskurve (*hh* in der Fig. 82) ist als Ort der Berührungspunkte leicht zu zeichnen. Auf ihr muß auch der Berührungspunkt der gesuchten Tangentialebene liegen; und da diese durch *g* geht, ist sie auch berührende Ebene der geradlinigen Hilfsfläche und hat mit ihr die durch den Berührungspunkt gehende Gerade $\bar{g}$ gemeinsam, die, da sie horizontal verläuft, zugleich eine ihrer Schichtlinien ist. Demnach ist die Aufgabe gelöst, wenn die durch *g* gehenden Berührungsebenen der Hilfsfläche gefunden sind.

Man betrachte nun alle durch *g* gehenden Ebenen, das Ebenenbüschel mit der Achse *g*; jede von ihnen ist bestimmt durch den Winkel, den sie mit einer festen ebenfalls durch *g* gehenden Ebene bildet, etwa derjenigen (*E*), auf der *g* eine Fallinie ist. Jede der Ebenen ist daher auch bestimmt durch den Winkel α, den ihre Streichlinien mit denen der genannten festen Ebene (*E*) bilden, d. h. mit der zu *g* senkrechten Richtung.

Zu diesen Ebenen gehören auch alle solche, deren Streichlinien zugleich der geradlinigen Hilfsfläche angehören, also auch die gesuchten Berührungsebenen. Man fasse eine solche Ebene ins Auge und verfolge den Verlauf der geradlinigen Hilfsfläche in der Nähe der Geraden $\bar{g}$, die sie mit der Ebene gemeinsam hat. Dann sind drei Möglichkeiten vorhanden: entweder berührt die Ebene die Fläche von unten, dann liegen die zu $\bar{g}$ benachbarten Geraden der Fläche sämtlich oberhalb der Ebene; oder die Ebene berührt die Fläche von oben, dann verlaufen die zu $\bar{g}$ benachbarten Geraden der Fläche sämtlich unterhalb der Ebene; oder drittens die Ebene durchsetzt berührend die Fläche in der Geraden $\bar{g}$, was eintritt, wenn die Fläche hier sattelförmig verläuft. Im erstgenannten Falle ist der oben erwähnte Winkel α für die Berührungsebene kleiner als für benachbarte durch *g* gehende Ebenen; im zweiten Falle ist er größer. In diesen beiden Fällen wird man demnach zur Konstruktion der Berührungsebenen die Veränderungen des Winkels α zu verfolgen haben, den die von Punkten der Geraden *g* an die gleichkotierten Schichtlinien der Fläche gezogenen Berührenden mit der auf *g* senkrechten Richtung einschließen, und darunter diejenigen Winkel auszusuchen haben, die größer oder kleiner als die benachbarten sind, d. h. die ein Maximum oder Minimum bilden. Das Aussuchen dieser größten und kleinsten Werte des Winkels α nach dem Augenmaß erfordert ziemliche Übung, wenn die danach ausgeführte Konstruktion einigermaßen genau sein soll. Man lege dann ein

Zeichendreieck gegen g unter dem Winkel α an, den man als größten oder kleinsten geschätzt hat, und prüfe durch Parallelverschieben des Dreiecks längs eines zweiten die Richtigkeit der Schätzung.

§ 83. **Gebrauch einer Hilfskurve.** Durch die folgende Überlegung und das Zeichnen einer Hilfskurve kommt man genauer zum Ziel (Fig. 82). Statt den Verlauf des Winkels α selber kann man nämlich auch den Verlauf einer stetigen Funktion von α, etwa $\operatorname{tg} \alpha$ verfolgen, z. B. indem man eine zu $\operatorname{tg} \alpha$ proportionale Strecke jedesmal als Ordinate zur Höhenzahl als Abszisse aufträgt, die die zugehörige Streichlinie hat. Zu dem Zweck ziehe man in einem beliebigen nicht zu kleinen Abstand zu g eine Parallele g'; das rechtwinklige Dreieck kAC, das bestimmt wird durch den auf g gelegenen Punkt der Höhe k und die durch ihn gehenden Streichlinien Ck der Hilfsfläche und Ak (senkrecht auf g) der Ebene (E), ergibt

$$CA = kA \cdot \operatorname{tg} \alpha,$$

und da für alle so entstehenden Dreiecke die entsprechenden Stücke kA konstante Längen haben, so sind die CA entsprechenden Stücke proportional zu $\operatorname{tg} \alpha$. Man trägt die Stücke CA von A aus auf kA ab ($C_1A = CA$) und erhält so eine Kurve (1), die den Verlauf von $\operatorname{tg} \alpha$ wiedergibt. Die Maxima, Minima dieser Kurve und, für den erwähnten dritten Fall einer sattelförmigen Berührung, die Wendepunkte mit einer zu g parallelen Tangente geben diejenigen Werte von $kA \cdot \operatorname{tg} \alpha$, zu denen eine einer Berührungsebene zukommende Streichlinie der Hilfsfläche gehört. Um sie zu zeichnen, hat man nur durch einen solchen Punkt M_1 der Kurve eine Senkrechte $k_m M_1 D$ zu g, g' zu ziehen, $DE = DM_1$ zu machen, dann ist $k_m E$ die gesuchte Streichlinie; sie schneidet die Berührungskurve hh im Berührungspunkte B der gesuchten Berührungsebene, deren Gefällemaßstab danach leicht herzustellen ist. Dieselbe Konstruktion ist bei dem Wendepunkt W_1 ausgeführt: man zieht $k_w W_1 G$ senkrecht zu g, g', macht $GH = GW_1$ und zieht $k_w H$, die Streichlinie der gesuchten berührenden Ebene, wodurch zugleich deren Berührungspunkt W als Schnitt mit der Kurve hh erhalten wird. Die Genauigkeit der Konstruktion kann noch leicht verbessert werden, wenn man die symmetrische Kurve (2) zeichnet; man macht $C_2A = CA$ usw.

Übrigens ist noch eine dritte Kontrolle für die gesuchten Berührungspunkte dadurch gegeben, daß die Berührungskurve hh der Hilfsfläche und die Berührungskurven b der umschriebenen Zylinder (§ 80) sich in den gesuchten Punkten B^* und W schneiden müssen.

§ 84. **Schattengrenze.** Wenn die als parallel anzunehmenden Sonnenstrahlen ein hügeliges Gelände in einer gegebenen Richtung bescheinen, so liegt ein Teil des Geländes im Schatten. Die Grenze dieses Schattens ist die Schnittkurve der Geländefläche mit dem Zylinder, der ihr

in der Richtung der Strahlen von oben umschrieben werden kann. Nachdem man diesen Zylinder nach § 80 oder 82 bestimmt hat, wozu eine Schichtlinie und zwei gestufte Mantelgeraden genügen, findet man die gesuchte Schnittkurve mit dem Gelände nach § 77, am einfachsten nach dem Verfahren des verschiebbaren Musters. Der Leser führe die Konstruktion an der Fig. 82 aus: mindestens zwei der Mantelgeraden 1 bis 4 sind zu stufen, indem von der Schichtlinie $s = 110$ des oberen Zylinders das Intervall von g wiederholt abgetragen wird; von der genannten Schichtlinie ist auf steifem Papier ein Muster zu verfertigen, dieses von Stufe zu Stufe der Mantelgeraden zu verschieben, die Schnittpunkte mit den gleichkotierten Schichtlinien des Geländes sind aufzusuchen und diese Punkte durch eine glatte Kurve zu verbinden. Die Schattengrenze wird hier im unteren Teile der Fig. 82 gelegen sein.

§ 85. **Von einem gegebenen Punkte an eine Geländefläche den Berührungskegel zu zeichnen. Scheinbarer Umriß, Horizont.** Eine Lösung dieser Aufgabe liegt auf der Hand: man führt durch den im Raume gegebenen Punkt A' genügend viele Vertikalschnitte, zeichnet die zugehörigen Profile der Fläche und legt an diese von A' aus Tangenten; die Berührungspunkte, in die Karte übertragen, ergeben die gesuchte Berührungskurve. Zweckmäßig nimmt man die Profile, die in der Karte durch die Tangenten von A, der Projektion von A', an die Schichtlinien der Fläche bestimmt sind, weil man an ihnen am leichtesten verfolgen kann, wie weit es nötig ist, die Profile wirklich zu zeichnen. Aber dieses Verfahren ist aus denselben Gründen, wie sie oben beim umschriebenen Zylinder (§ 82) angegeben wurden, praktisch wenig bequem und von geringer Genauigkeit. Folgender Weg ist bequemer, oft auch genauer. Er beruht auf einer Überlegung, die eine Erweiterung der in § 82 angegebenen darstellt.

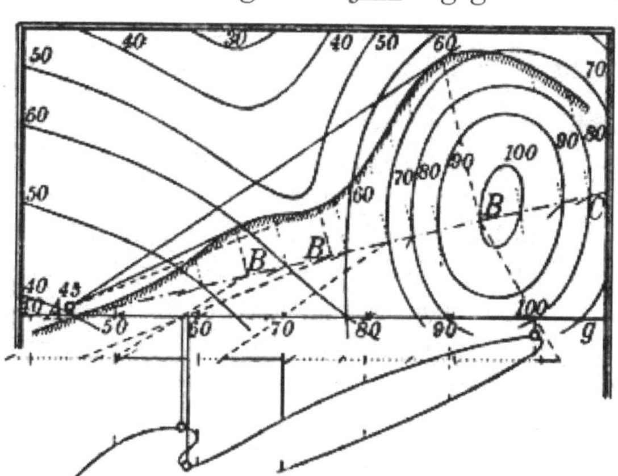

Fig. 84.

Es sei A' (Höhe 45) der gegebene Punkt des Raumes, A seine Projektion und AC eine gegebene Richtung in der Karte. Man kann die Aufgabe, von A' aus eine Tangente mit der Projektion AC an die gegebene Geländefläche zu legen, in der üblichen Weise durch Zeichnung des Profils in der Richtung AC lösen.2 Man denke sich nun in der Karte durch A eine beliebige Gerade g gelegt und ihre Punkte mit den gleichkotierten des Profils geradlinig verbunden. Diese Geraden sind die Schichtlinien einer geradlinigen Fläche, und jede von ihnen kann als Streichlinie einer durch g hindurchgehenden Ebene aufgefaßt werden. Wie in § 82 wird jede dieser Ebenen bestimmt durch den Winkel α, den ihre Streichlinien mit denen der Ebene bilden, auf der g eine Fallinie ist. Diejenigen der genannten Ebenen, die durch die Tangenten hindurchgehen, die man von A' aus in der Profilebene $A'AC$ an die Fläche legen kann, liegen im allgemeinen höher oder tiefer als die benachbarten unter ihnen; der Winkel α ist also für sie größer oder kleiner als für die benachbarten. Man kann also jene Ebenen und damit die Berührungspunkte B der Tangenten finden, indem man für α die größten oder kleinsten Werte aufsucht, wozu man sich des in § 83 angegebenen Verfahrens der Hilfskurve bedienen kann (Fig. 84).

2 Beim Umklappen des Profils in die Zeichenebene möge A' in den durch den kleinen Kreis und die beigeschriebene Kote 45 bezeichneten Punkt übergehen.

Will man nun von A' aus den Berührungskegel an die gegebene Fläche legen, so wird man durch A eine Schar von Geraden AC ziehen und nach dem eben beschriebenen Verfahren die Berührungspunkte B der von A aus zu ziehenden Tangenten bestimmen. Dabei kann man sich beständig derselben Hilfsgeraden g bedienen. Einschaltung von Schichtlinien in der Nähe von B erhöht die sonst nicht große Zeichengenauigkeit.

§ 86. **Beispiel.** Die eben besprochene Aufgabe der Konstruktion des Berührungskegels einer Geländefläche findet ihre praktische Anwendung in der für militärische Zwecke wichtigen Frage nach dem *Horizont*, der von einem bestimmten Punkte aus sichtbar ist. Die Fig. 85 gibt dafür ein Beispiel. Bei A (Höhe 85) ist ein 20 Meter hoher Standplatz, Aussichtsturm oder dgl. errichtet; in der Karte ist der vor und nach Errichtung des Turmes von A aus sichtbare Horizont eingezeichnet. Die von der Turmspitze aus nicht sichtbaren Geländeteile sind durch Schraffur hervorgehoben.

Fig. 85 a.

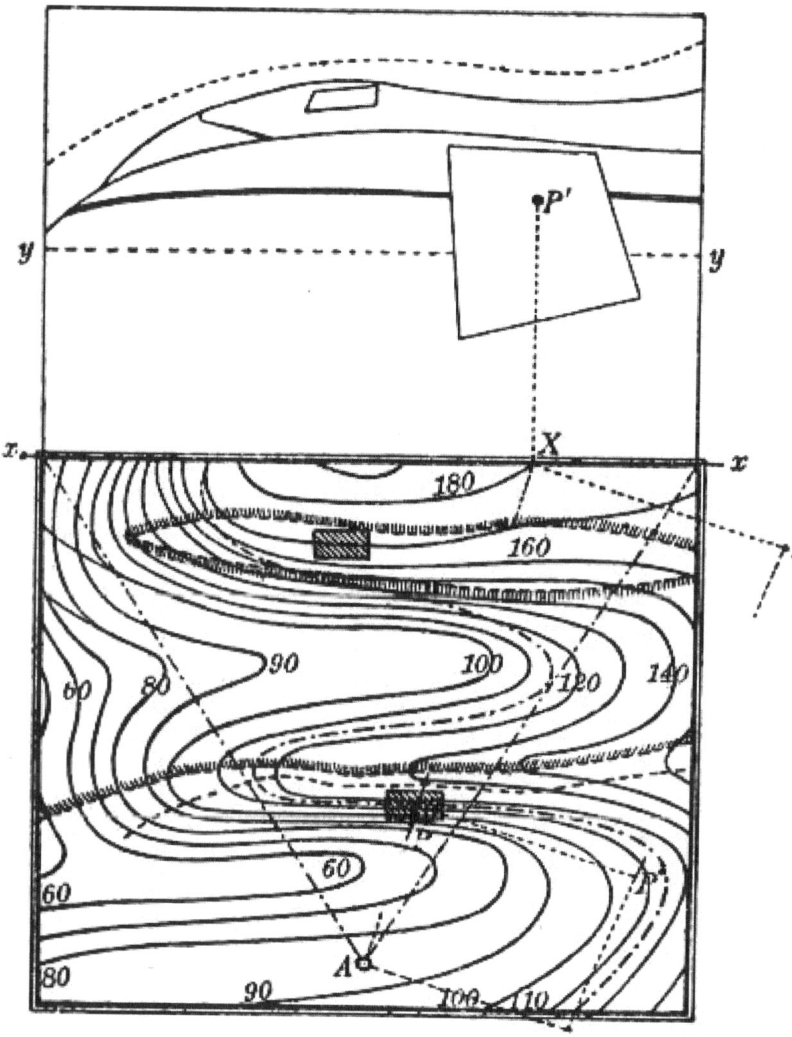

Fig. 85.

Selbstverständlich stimmen die Ergebnisse dieser Konstruktion mit der Wirklichkeit nur dann angenähert überein, wenn der gefundene Gesichtskreis genügend klein ist; andernfalls spielt natürlich die Krümmung der Erdoberfläche, die dann nicht mehr vernachlässigt werden darf, eine gewisse Rolle.

§ 87. **Ansicht des Geländes.** Aus einer gegebenen Karte die Ansicht des Geländes zu konstruieren. Unter Ansicht wird die Projektion auf eine vertikale Bildfläche verstanden. – Bei einer Ansicht aus sehr weiter Ferne wird es sich um eine Parallelprojektion handeln, während bei gegebenem

Aussichtspunkt eine Zentralprojektion in Frage kommt, deren Zentrum eben dieser Punkt ist.

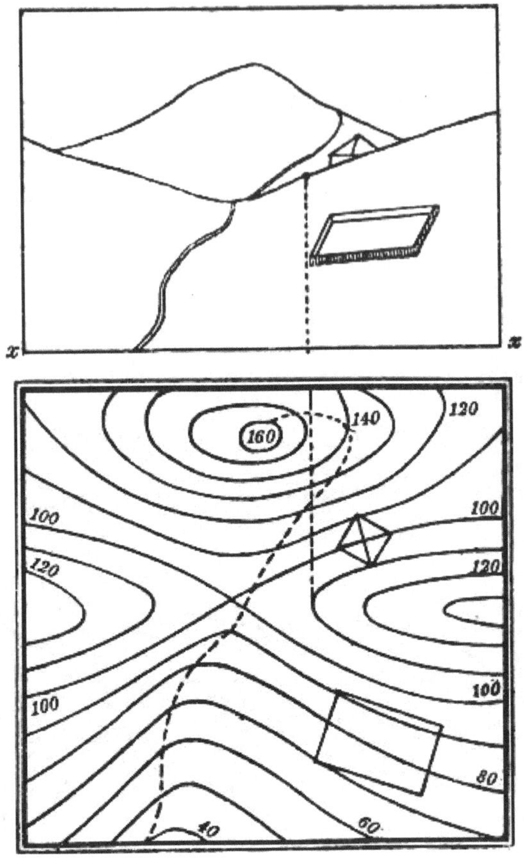

Fig. 86.

a) Parallelprojektion. Es genügt, die Richtung der projizierenden Strahlen zur Bildebene senkrecht anzunehmen, da die schiefe Parallelprojektion in ähnlicher Weise auszuführen ist. Man zeichnet (Fig. 86) den Grundriß der Bildebene als Gerade *xx* in den Plan und projiziert zunächst genügend viele Punkte des Planes auf sie, besonders den Umriß (§ 78; man zeichne an die Schichtlinien Tangenten, die auf *xx* senkrecht stehen) und einzelne hervortretende Stellen des Geländes. Auf die anzufertigende Ansicht (Aufriß) überträgt man sodann jeden der projizierten Punkte mittels einer Senkrechten auf *xx*, deren Länge gleich der zugehörigen Kote ist. Die Höhenlinien würden in wagerechte Geraden des Bildes übergehen.

In der Fig. 86 ist noch der Verlauf eines Weges, die Lage eines umfriedigten Platzes und eines hohen Gebäudes angegeben. Das letztere, dessen Dachspitze 30 m über dem Boden angenommen ist, ragt nur mit einem Teile über dem Horizont hervor.

§ 88. **b) Zentralprojektion.** Man zeichnet (Fig. 85) wieder den Grundriß der Bildebene als Gerade *xx* in den Plan, und projiziert vom Projektionszentrum *A* (Höhe 85 + 20 = 105) aus genügend viele Punkte auf sie; dazu hat man die Verbindungsgeraden von *A* mit jedem der zu projizierenden Punkte *P* zu graduieren und dadurch die Höhenzahlen der Schnittpunkte *P'* mit der Bildebene zu bestimmen. Nach § 3 kann man das zeichnerisch ausführen, wie auch in der Figur angedeutet ist. Man zieht im Grundriß *AP* bis zum Schnittpunkte *X* mit der Geraden *xx*, errichtet senkrecht zu *AP* in *A* die zu *A*, in *P* die zu *P* gehörige Höhe und verbindet ihre Endpunkte. Diese Verbindungsgerade schneidet das auf *AP* in *X* errichtete Lot in *P''*, und es ist *XP''* gleich der Höhe des Bildpunktes *P'* über *xx*. Man kann aber auch rechnerisch verfahren; im vorliegenden Falle ist dies besonders mit dem Rechenschieber sehr bequem, wenn man gleich mit den Höhendifferenzen gegen *A* rechnet und die Ergebnisse von der Geraden *yy* an aufträgt, die im Bilde der Höhe von *A* entspricht.

Besonders ist auch der von *A* aus sichtbare Horizont zu zeichnen, wie in § 86 angegeben. Die Fig. 85 a stellt ein Bild der zu § 86 gehörigen Fig. 85 dar, oder genauer gesagt, eine Ansicht des Geländes von der Spitze (Höhe 105) des in *A* errichteten Turmes, und zwar innerhalb des durch die Bildgrenzen bestimmten Ausschnittes. Die gestrichelte Kurve des Bildes zeigt den vor Errichtung des Turmes von der Stelle *A* (Höhe 85) aus sichtbaren Horizont; er verdeckt den ganzen Hintergrund des Geländes und läßt deutlich erkennen, welche Wirkung es hat, wenn der Standplatz bei *A* um 20 m erhöht wird. In der Figur sind ferner der Verlauf eines Weges und die Ansicht zweier im Grundriß gleich großer umfriedigter Plätze angegeben. Dies läßt die bekannte Tatsache erkennen, daß die in der Nähe von *A* gelegenen Gegenstände größer erscheinen als die entfernteren; aber man sieht auch, daß die Zeichengenauigkeit um so geringer ist, je weiter der abzubildende Gegenstand von der Bildebene entfernt ist. Übrigens ist daran zu erinnern, daß den Geraden des Grundrisses im allgemeinen keineswegs gerade Linien im Bilde entsprechen; z. B. sind die Umzäunungen der Plätze nicht geradlinig, weil diese auf gekrümmten Flächen gelegen sind.

V. MASZBESTIMMUNGEN UND BEZIEHUNGEN ZUR ZEICHNERISCHEN ANALYSIS

Die nächsten Paragraphen sollen kurz zeigen, in welcher Weise man Maßbestimmungen der Längen, Flächen- und Rauminhalte an einer Geländefläche auszuführen hat.

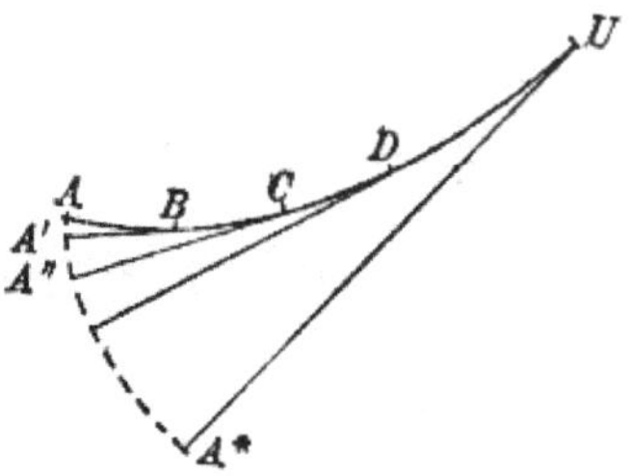

Fig. 87.

§ 89. **Längenmessung.** Um die Länge eines ebenen Kurvenbogens zu bestimmen, ersetzt man ihn durch einen aus genügend kleinen geradlinigen Stücken bestehenden Polygonzug, dessen Teile, längs einer Geraden aneinandergesetzt, die gesuchte Länge angenähert ergeben (Rektifikation). Man kann den Kurvenbogen auf die Gerade durch Abgreifen mit einer genügend kleinen Zirkelöffnung übertragen. Dabei hat man jedoch zu beachten, daß sich zwar, je kleiner die Zirkelöffnung, um so mehr der kleine Bogen der zugehörigen Sehne anschmiegt, aber sich auch um so mehr die durch vielmaliges Aneinandersetzen des Zirkels entstehenden Fehler häufen. Das Übertragen auf die Gerade kann man vermeiden, wenn man den Zirkel selbst zur Summierung der Sehnen benutzt. Ist (Fig. 87) $ABCD\ldots U$ der zu messende Bogen, so setzt man zuerst den Zirkel in A und B ein, lüftet ihn bei A und dreht ihn um B in die Lage BA', die Kurventangente in B; dann lüftet man ihn bei B und öffnet ihn bis C, lüftet ihn bei A' und dreht ihn um C in die Lage CA'', die Tangente in C, usw. Die Punkte A, A', A'', … A^* liegen angenähert auf einer Evolvente der gegebenen Kurve (§ 42), und es ist der gesuchte Bogen

$$\overline{AU} \approx A^*U.$$

Besser ist ein kleines gekordetes Meßrädchen (Kurvimeter), mit dem man, die Radebene senkrecht zur Papierebene haltend, den Kurvenbogen abfährt, wobei die ganzen Umdrehungen durch ein Zählwerk angegeben werden. Man prüft das Kurvimeter durch Ausmessen einer geradlinigen oder kreisförmigen Strecke bekannter Länge. – Die Länge eines Kurvenbogens auf einer Geländefläche bestimmt man, indem man das Längenprofil der Kurve konstruiert (§ 47) und dieses rektifiziert.

Aufgabe. Ein Flugzeug hat einen in die Karte des überflogenen Geländes eingetragenen Weg zurückgelegt, wobei zugleich die erreichten Höhen an genügend vielen Stellen vermerkt sind. Es soll die wirkliche Länge des Luftweges ermittelt werden.

Man hat dazu nur nötig, das Längenprofil der Raumkurve entsprechend dem gezeichneten Wege und den darin vermerkten Höhenangaben zu zeichnen, wie in § 47 angegeben, und die Bogenlänge dieses Profils nach dem soeben Auseinandergesetzten zu ermitteln.

§ 90. **Flächenmessung.** Zur praktischen Ausmessung eines ebenen willkürlich begrenzten Flächenstückes hat man sich gewisser Annäherungsmethoden zu bedienen, deren Berechtigung in der Integralrechnung streng bewiesen wird, oder man benutzt ein Planimeter.

a) Quadratteilung. Fast für alle hier in Frage kommenden Zwecke ausreichend ist es, ein Blatt Millimeterpauspapier über das Flächenstück zu decken. Man zählt die eingeschlossenen Quadratmillimeter ab und nimmt von den durch die Begrenzungslinie durchschnittenen entweder die Hälfte zu oder schätzt ihre Anteile ab. Das ergibt angenähert den Flächeninhalt in Quadratmillimetern; um ihn in den Flächeneinheiten des Maßstabes der Karte zu erhalten, hat man zu ermitteln, wie viele Quadratmillimeter auf eine Flächeneinheit der Karte gehen. Für den häufigeren Gebrauch im selben Maßstab zeichnet man ein dazu gehöriges genügend engmaschiges Quadratnetz auf Pauspapier oder ritzt es mit der Zirkelspitze auf eine dünne Zelluloidplatte, wie sie etwa zu photographischen Films verwendet wird und also leicht zu beschaffen ist. Man legt die geritzte Seite auf die Karte.

§ 91. **b) Einteilung in Streifen gleicher Breite.** Statt der Quadrateinteilung kann man auch eine Anzahl paralleler Geraden in gleichem genügend kleinen Abstande δ auf Pauspapier oder einen Film zeichnen; zwischen je zwei Geraden fügt man noch die Mittellinien (in der Fig. 88 gestrichelt) ein. Abgesehen von den Kappenstücken, die nicht mehr die Breite δ haben (geschrafft), kann man den zwischen zwei Geraden a und b enthaltenen Flächenteil nach der *Simpsonschen Regel* (Th. Simpson 1743, Joh. Kepler hat schon 1615 dieselbe Regel zur Raumberechnung benutzt – Keplersche Faßregel) bestimmen. Man nimmt das Mittel der Anfangs- und Endsehne, $\frac{1}{2}(a + b)$, sodann die Summe aller ausgeschnittenen Sehnen, $\sum s$, endlich noch die doppelte Summe der Mittellinien aller Streifen, $2\sum m$; die Gesamtsumme dieser drei Werte, mit $\frac{1}{3}\delta$ multipliziert, liefert den Flächeninhalt meist mit großer Genauigkeit:

$$F \approx \tfrac{1}{3}\delta\left({}^{a+b}/_{2} + \sum s + 2\sum m\right).$$

Die beiden Summen $\sum s$ und $\sum m$ kann man durch einen angelegten Papierstreifen messen, auf dem man die einzelnen Sehnen durch Aneinanderfügen schon beim Anlegen summiert, oder auch mit dem Streckenrädchen des Kurvimeters, oder auch mit der Millimeterteilung des Rechenschiebers, nachdem man an dem Glasläufer einen kleinen über der Millimeterteilung schleifenden Papierzeiger befestigt hat.

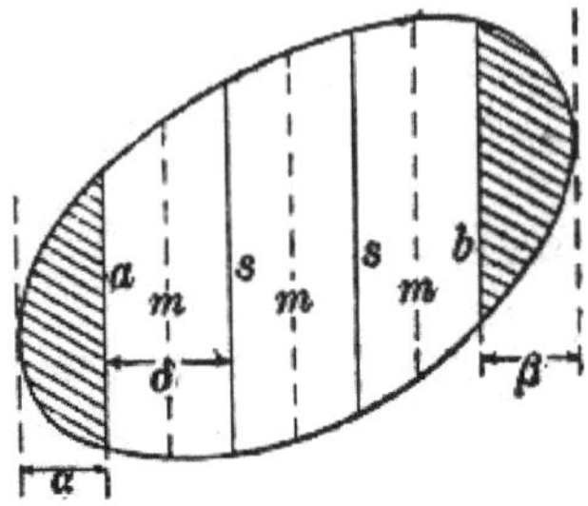

Fig. 88.

Die abgeschnittenen Kappen können oft mit genügender Annäherung als Parabelabschnitte aufgefaßt und alsdann nach der Lambertschen Regel zu $\frac{2}{3}a\alpha$ und $\frac{2}{3}b\beta$ berechnet werden, wobei α und β ihre Breiten bedeuten (Joh. Heinr. Lambert 1727–1777).

§ 92. **c) Andere Streifeneinteilung.** Statt daß man das Flächenstück in gleich breite Streifen zerlegt, kann man oft einfacher und nicht minder genau als nach der Simpsonschen Regel nach folgendem von C. Runge angegebenen zeichnerischen Ausgleichungsverfahren vorgehen. Man ersetzt das Stück der Begrenzungslinie zwischen den beiden Geraden des Streifens durch eine senkrecht zu ihnen verlaufende gerade Strecke der Art, daß die in der Fig. 89 mit Schraffen versehenen dreieckigen Zipfel einander flächengleich werden. Wenn es sich um genügend kleine Dreiecke handelt, kann die Abgleichung nach dem Augenmaß sehr genau ausgeführt werden, und wenn vollends die Figur auf Millimeterpapier gezeichnet ist, hat man durch Auszählung und Abschätzung der wenigen in den Zipfeln befindlichen Quadratmillimeter eine gute Prüfung. Man verwandelt auf diese sehr empfehlenswerte Art das krummlinig begrenzte Flächenstück in eine Summe von Rechtecken, deren Breite man oft, wenn die Kurve weniger gekrümmt verläuft, ziemlich groß annehmen kann. Danach läßt sich der Inhalt leicht berechnen:

$$F \approx \sum \delta y.$$

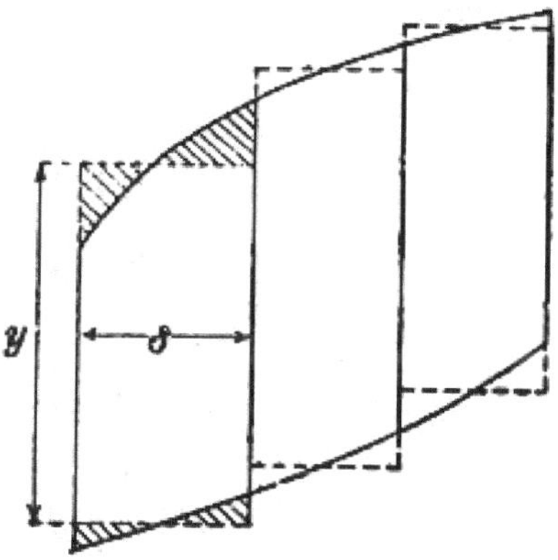

Fig. 89.

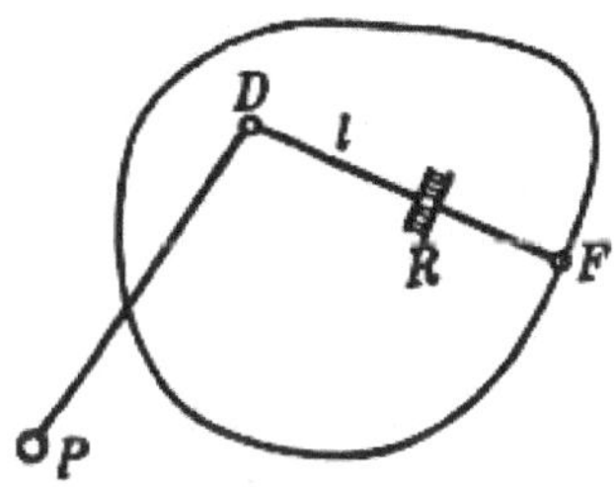

Fig. 90.

§ 93. **d) Planimeter.** Am schnellsten und auch wohl am genauesten bedient man sich zur Flächenmessung eines Planimeters, wie es in seiner einfachsten Form des *Polarplanimeters* in Fig. 90 angedeutet ist. *PD* ist eine um den Nadelspitzpol *P* drehbare Stange beliebiger Länge, so daß also *D* einen Kreis beschreibt; *DF* ist eine in *D* drehbare Stange der Länge *l*, deren Fahrstift *F* die Berandung des auszumessenden Flächenstückes einmal umfährt; *R* ist ein auf der Zeichenebene rollendes, nicht gleitendes Rad vom Radius *r*, dessen Winkeldrehung ω an einer Teilung abgelesen werden kann. Man zeigt mit Hilfe der Integralrechnung, daß, wenn der Pol *P* außerhalb der zu umfahrenden Fläche liegt, der gesuchte Flächeninhalt gleich $l \cdot \omega r$ ist; meist gibt die Teilung der Meßrolle dieses Produkt unmittelbar an.

§ 94. **Geneigte Fläche.** Wenn die Ebene der auszumessenden ebenen Fläche unter dem Winkel α gegen die Horizontalebene der Karte geneigt ist, so ergibt sich der wahre Flächeninhalt aus dem seiner Projektion, indem man diese durch cos α dividiert. Das sieht man sogleich ein, wenn man sich die Fläche und ihre Projektion durch Ebenen, die auf der Schnittgeraden der Fläche und der Projektionsebene senkrecht stehen, in genügend schmale Streifen der Breite δ zerlegt denkt. Die mittleren Längen des Streifens und seiner Projektion verhalten sich wie 1 : cos α, daher, da die Breite dieselbe ist, auch ihre Flächeninhalte, daher auch die Flächen selbst.

Diese Bemerkung kann man bisweilen benutzen, um praktisch von einem begrenzten Teile einer Geländefläche den Flächeninhalt zu bestimmen, nämlich dann, wenn sie sich in Bezirke teilen läßt, innerhalb deren die Horizontalneigung genügend konstant ist, was sich übrigens sehr leicht am Verlauf der Fallinien erkennen läßt.

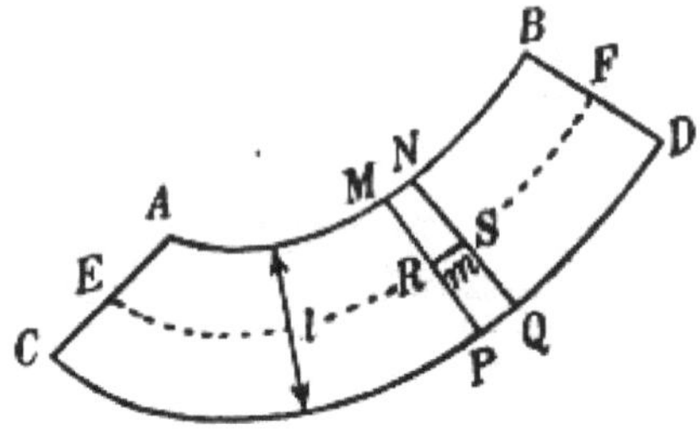

Fig. 91.

§ 95. **Flächeninhalt einer Böschungsfläche.** Wie in § 65 gezeigt, ist jede Böschungsfläche auf eine Ebene abwickelbar, und zwar so, daß nach und nach jede ihrer geradlinigen Fallinien in die Ebene zu liegen kommt. Da bei der Abwickelung außer den Längen die Winkel zwischen den Kurven der Böschungsfläche sich nicht ändern, so gehen die Schichtlinien in Kurven über, die auf den geradlinigen Fallinien auch nach der Abwickelung senkrecht stehen. Man betrachte nun einen von zwei beliebigen Schichtlinien und zwei geradlinigen Fallinien begrenzten Streifen einer Böschungsfläche. Sein Flächeninhalt bleibt bei der Abwickelung in die Zeichenebene, wodurch die Figur *ACDB* (Fig. 91) entstehen möge, ebenfalls ungeändert. Es seien *MP*, *NQ* die Abwickelungen zweier naher Fallinien von der Länge l; sie schneiden das Flächenstück *MPQN* aus, das um so mehr als Trapez betrachtet werden kann, je näher *MP* und *NQ* aneinander liegen. Ist *RS* die Mittellinie des Trapezes, m ihre Länge, so ist seine Fläche gleich $l \cdot m$; demnach der Flächeninhalt des ganzen Stückes *ABCD* gleich $l \cdot \sum m$, wo $\sum m$ nichts anderes als die Bogenlänge der mittleren Schichtlinie *EF* ist. Man findet daher den Flächeninhalt einer von zwei Schichtlinien und zwei Fallinien der wahren Länge l begrenzten Böschungsfläche, indem man l mit der Bogenlänge der mittleren Schichtlinie multipliziert.

Die Ausführung kann unmittelbar an der Karte der Böschungsfläche vorgenommen werden, da ja bei jeder Fläche die Schichtlinien mit ihren Projektionen kongruent sind. Übrigens braucht man die erwähnte mittlere Schichtlinie nicht erst zu konstruieren, sondern nimmt einfacher und genauer aus den Bogenlängen der begrenzenden Schichtlinien das arithmetische Mittel. Sind λ die aus der Karte zu entnehmende konstante Horizontalentfernung der beiden Schichtlinien, k_1 und k_2 ihre Höhenzahlen, so ist $l = \sqrt{\lambda^2 + (k_1 - k_2)^2}$, also als Hypotenuse eines rechtwinkligen Dreiecks mit den Katheten λ und $(k_1 - k_2)$, diese in Einheiten des Höhenmaßstabes gemessen, leicht zu zeichnen.

Da man nach § 66 eine Geländefläche, die durch genügend viele Schichtlinien gegeben ist, gleich der erachten kann, die aus schmalen Streifen von Böschungsflächen zusammengesetzt ist, so läßt sich das eben auseinandergesetzte Verfahren auch benutzen, um angenähert die Inhalte beliebiger gekrümmter Flächenstücke zu bestimmen. Eine große Genauigkeit wird man freilich nicht zu erwarten haben.

§ 96. **Rauminhalt eines begrenzten Geländeteiles.** Es ist eine wichtige Aufgabe der technischen Praxis, den Rauminhalt von Erdmassen zu bestimmen. Wenn die Begrenzung ganz willkürlich ist, muß man sich wie beim Flächeninhalt gewisser Annäherungsmethoden bedienen, deren Berechtigung und Genauigkeit in der Integralrechnung gezeigt wird. Man denkt sich den auszumessenden Körper in eine Anzahl so dünner Schichten zerlegt, daß sie ohne merklichen Fehler als zylindrische Scheiben betrachtet werden können, deren Inhalt gleich dem Produkt aus ihrer Dicke δ und ihrem Querschnitt q ist. Haben alle Schichten des Körpers die gleiche Dicke δ, so ist das Volumen des Körpers $v = \delta \cdot \sum q$, wo $\sum q$ die Summe aller Querschnitte bedeutet. Die gewöhnliche Zerlegung ist die in wagerechte Schichten. Die Querschnitte werden also durch die Schichtlinien der Fläche begrenzt. Man kann jeden Querschnitt nach irgendeinem der in §§ 90 bis 93 angegebenen Verfahren bestimmen. Aber auch v selber kann man nach denselben Verfahren ermitteln. Denn trägt man die gemessenen Werte der Querschnitte als Ordinaten zu den zugehörigen Höhenzahlen als Abszissen auf und verbindet ihre Endpunkte durch eine glatte Kurve, so ist die Maßzahl des Flächeninhalts, der von dieser Kurve, der Abszissenachse und den Anfangs- und Endordinaten begrenzt wird, gleich v.

§ 97. **Aufgabe: Rauminhalt einer Lagerstätte.** Zur Erläuterung der in den letzten Paragraphen besprochenen Maßbestimmungen soll jetzt eine dem bergmännischen Anwendungsgebiet entnommene Aufgabe etwas ausführlicher besprochen werden.

Eine nutzbare unterirdische Lagerstätte wird in der Regel durch eine Anzahl von Bohrlöchern erschlossen, die erkennen lassen, wie weit sich die Lagerstätte in wagerechter und lotrechter Richtung erstreckt. Da mit Rücksicht auf die Kosten die Zahl solcher Bohrlöcher auf das Mindestmaß beschränkt werden muß, wird aus den Bohrergebnissen die Gestalt der Lagerstätte nur in groben Umrissen entnommen werden können, und daher werden alle darauf bezüglichen Konstruktionen und Maßbestimmungen nur als erste Annäherungen an die Wirklichkeit zu betrachten sein; das ist auch bei der Lösung der folgenden Aufgabe nicht zu vergessen.

Ein Kohlenlager ist durch eine Reihe von Bohrlöchern angefahren und durchteuft. Man soll den Rauminhalt des Lagers ermitteln.

Zunächst einige allgemeine Bemerkungen zur Ausführung der Aufgabe. Man wird vor allem die beiden topographischen Flächen zu bestimmen suchen, die den oberen Teil (das Hangende) und den unteren (das Liegende) der Lagerstätte begrenzen, indem man nach § 48 die Schichtlinien durch Längenprofile ermittelt. Das geschieht am besten in einer besonderen Karte, nachdem man darin die Lage der Bohrlöcher übertragen und die Tiefenangaben vermerkt hat, in denen jedesmal die Lagerstätte angebohrt und durchteuft wurde. Nunmehr bestimmt man die Schichtenquerschnitte nach § 90 bis 93, trägt die Werte graphisch zu den Höhenzahlen als Ordinaten auf, und planimetriert zur Bestimmung des Rauminhalts die entstehende Kurve, wie in § 96 angegeben.

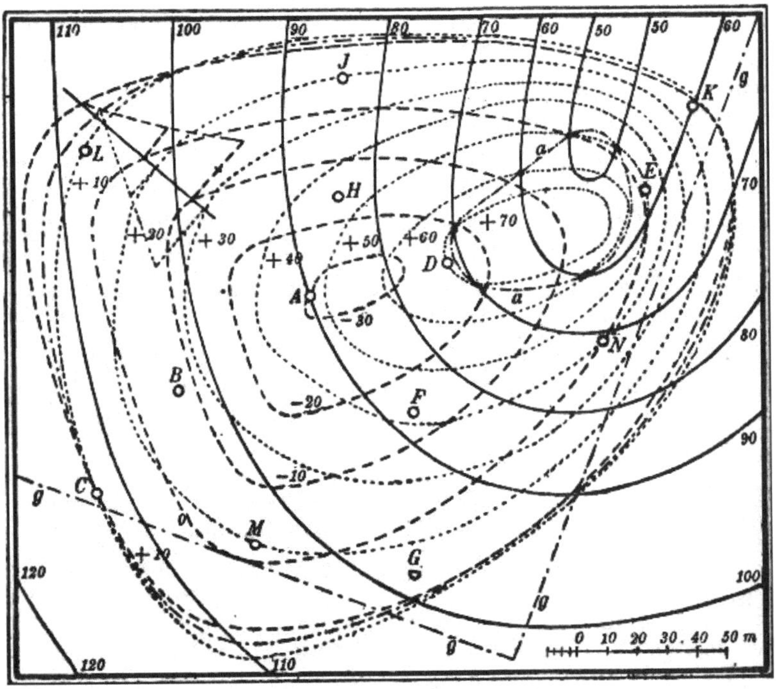

Fig. 92.

§ 98. **Ausführung der Aufgabe.** Es verlohnt sich, die nähere Ausführung etwas eingehender zu besprechen, weil dabei eine Menge Nutzanwendungen der früheren Sätze zum Vorschein kommen. Das soll nun jetzt geschehen. – Gegeben ist die Karte des Geländes (Fig. 92 – Schichtlinien ausgezogen –) und darin verzeichnet die Lage der Bohrlöcher, so daß man daraus die Höhenzahlen ihrer Mundlöcher entnehmen kann. Außerdem sind zu jedem Bohrloch gegeben die Koten (Teufen), in denen das Hangende angebohrt sowie das Liegende erreicht ist. Das folgende Verzeichnis enthält diese Angaben für die 13 mit *A* bis *N* bezeichneten Bohrlöcher.

Bohrloch	Mundloch	Hangendes	Liegendes
A	+ 90 m	+47 m	–30 m
B	+103 m	+26 m	– 6 m
C	+112 m	+12 m	+10 m
D	+ 72 m	+70 m	–25 m
E	+ 55 m	+50 m	+ 1 m
F	+ 87 m	+42 m	–14 m
G	+ 98 m	+15 m	+ 7 m
H	+ 85 m	+45 m	–15 m
I	+ 84 m	+20 m	+ 7 m
K	+ 60 m	+11 m	+ 9 m
L	+108 m	+10 m	+ 5 m
M	+103 m	+20 m	– 2 m
N	+ 71 m	+40 m	0 m

Zur Bestimmung der Schichtlinien wird man möglichst solche Längenprofile wählen, die nahezu in Richtung der Fallinien verlaufen; man wird also für das Liegende vom Punkte tiefster Kote (*A*), für das Hangende vom Punkte höchster Kote (*D*) möglichst radial ausgehen, also z. B. namentlich das Profil *CBADEK* benutzen, sodann den Linienzug *IHFG*, wobei man die aus dem vorigen Linienzug interpolierte Höhenzahl des Kreuzungspunktes von *AD* und *FH* schon als bekannt benutzen darf, usw. Hat man genügend viele Zwischenpunkte mit runden Höhenzahlen ermittelt, so zeichnet man zuerst die Schichtlinien, von denen die meisten Punkte bekannt sind. Das erleichtert auch die Zeichnung der übrigen an den Stellen, an denen sie sich nicht durch Querschnitte genügend scharf bestimmen lassen.

Im vorliegenden Fall hat die Lagerstätte die Form einer unregelmäßig gestalteten Linse, wie es in der Natur manchmal bei Braunkohlenlagerstätten vorkommt. In der Fig. 92 sind die Schichtlinien des Liegenden gestrichelt, die des Hangenden punktiert gezeichnet. In der Zeichnung findet sich sowohl eine Schichtlinie +10 für das Hangende wie auch eine für das Liegende; von jeder gehört aber nur ein Teil der eigentlichen Lagerstätte an; das kommt daher, daß sich Hangendes und Liegendes in einer Raumkurve durchsetzen, deren Projektion zwischen den beiden Schichtlinien +10 verläuft. Man konstruiert ihre genauere Lage (– · – ·) am einfachsten mittels einiger Querschnitte, von denen in der Figur einer (bei *L*) angedeutet ist.

Wenn die Schichtlinien alle gezeichnet sind, kann die Planimetrierung beginnen. Dabei treten in der vorliegenden Figur noch zwei kleine Erschwerungen auf, die zu beachten sind. Erstens wird verlangt, daß von dem Volumen nur derjenige Teil bestimmt wird, der innerhalb der geradlinigen Grubengrenzen *gg* und der dadurch bestimmten lotrechten Ebenen gelegen ist. Die Querschnitte sind daher jedesmal nur bis zu diesen Geraden zu planimetrieren. Zweitens aber tritt die Lagerstätte zutage, und daher wird ihre Gestalt durch das Gelände beeinflußt. Die Ausbißlinie *aa* ist nach § 72 konstruiert worden; beim Planimetrieren muß ersichtlich jedesmal der Teil der Schichtlinie des Hangenden, der von der Ausbißlinie umfaßt wird, durch den entsprechenden Teil der Schichtlinie des Geländes ersetzt werden. Das hat man beim Umfahren mit einem Polarplanimeter berücksichtigt, und dann folgende Querschnitte in willkürlichen Einheiten *p* des Planimeternonius – Mittel aus mehreren Beobachtungen – erhalten:

	Höhenzahl:	Querschnitt:
Liegendes:	–30 m	21,5 p
	–20 m	171p
	–10 m	336p
	± 0 m	826p
	+10 m	1284,5 p
Hangendes:	+10 m	1268p
	+20 m	977p
	+30 m	668,5 p
	+40 m	434p
	+50 m	241p
	+60 m	77p
	+70 m	4,5 p

Zugleich ergab eine Fläche, die im Maßstab der Zeichnung gemessen 40 000 m² entsprach, planimetriert 1598 p.

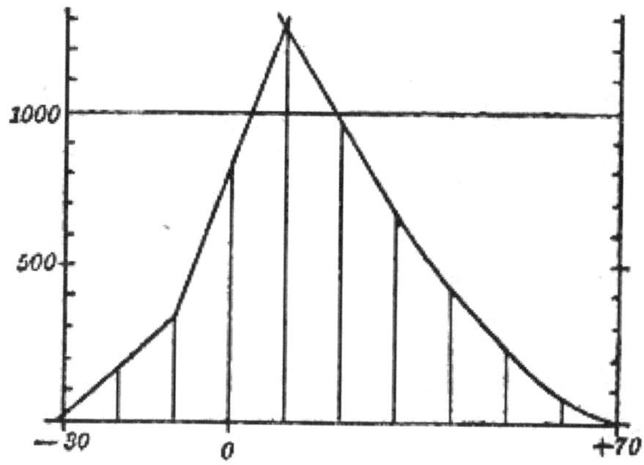

Fig. 93.

Die graphische Darstellung dieser Werte in beliebigen Maßstäben ergibt die Kurve der Fig. 93. Sie besteht aus zwei Ästen, einem für das Hangende (rechter Ast) und einem für das Liegende (linker Ast), die sich in einem Punkte schneiden. Zur Bestimmung des Rauminhalts hat man die durch sie und die Abszissenachse begrenzte Fläche zu ermitteln. Die Planimetrierung lieferte in willkürlichen Einheiten q des Planimeternonius, deren Wert übrigens von p verschieden sein kann, das Volumen 549 · q, während zugleich eine Fläche, die 1000 · p · 100 m Kubikeinheiten entsprach – in der Figur durch das Rechteck angezeigt –, 1097 · q ergab. Daraus folgt für das gesuchte Volumen der Wert

$$549 \cdot q \cdot {}^{100000 \cdot p \cdot \mathrm{m}}/_{1097 \cdot q} \cdot {}^{40000\,\mathrm{m}^2}/_{1598 \cdot p} = 1\,253\,100\ \mathrm{m}^3.$$

Es wäre sicher nicht richtig, das Schlußergebnis auf so viele Stellen anzugeben, und man wird sich etwa mit der runden Zahl 1 250 000 m³ begnügen müssen, zumal eine Abschätzung der Genauigkeit auf Grund der gegebenen Daten nicht einfach ist.

§ 99. **Zeichnerische Analysis.** Die in den vorstehenden Paragraphen auseinandergesetzten und angewandten Verfahren der Projektionen mit Höhenzahlen lassen sich nicht nur auf *geometrische* Aufgaben, sondern auch auf die praktisch zeichnerische Behandlung *analytischer* Fragen mit Nutzen anwenden. Man kann diesen Teil der angewandten Mathematik, dessen Entstehung erst wenige Jahrzehnte zurückliegt, und dessen Ausbau noch keineswegs abgeschlossen ist, passend als graphische oder *zeichnerische Analysis* bezeichnen. Ihre Ergebnisse finden in fast allen Zweigen der Technik, in der Vermessungskunde, der technischen Physik, der Ballistik usw. mehr und mehr Anwendung. Im Folgenden mögen einige einfachere Gegenstände dieses Gebietes besprochen werden, die mit den vorhergehenden Betrachtungen zum Teil aufs engste zusammenhängen.

§ 100. **Funktionsskale.** Es bedeute x eine reelle Veränderliche und $y = f(x)$ eine beliebige eindeutig umkehrbare – d. h. zu jedem Wert von y gehört ein Wert von x – reelle Funktion von x, gegeben durch irgendeine Rechenvorschrift oder durch eine Zahlentafel, derart, daß ihr zeichnerisch im rechtwinkligen Cartesischen Koordinatensystem (x, y) eine Kurve zugeordnet werden kann. Einen Punkt P der Kurve (Fig. 94 mit $y = \sqrt{x}$ mit der Abszisse x (= 3) projiziere man parallel zur Abszissenachse auf die Ordinatenachse nach Q, so daß $OQ = y$ (= $\sqrt{3}$ = 1,73) ist, schreibe aber an Q den zu P gehörigen Abszissenwert x (= 3). Wenn man so für genügend viele Punkte verfährt, erhält man die Skale der Funktion $y = f(x)$. Die Fig. 94 stellt die Entstehung der Funktionsskale $y = \sqrt{x}$ dar.[3]

[3] Weitere Beispiele sind in dem Bändchen von Paul Luckey, Einführung in die Nomographie, dieser mathematisch-physikalischen Bibliothek zu finden.

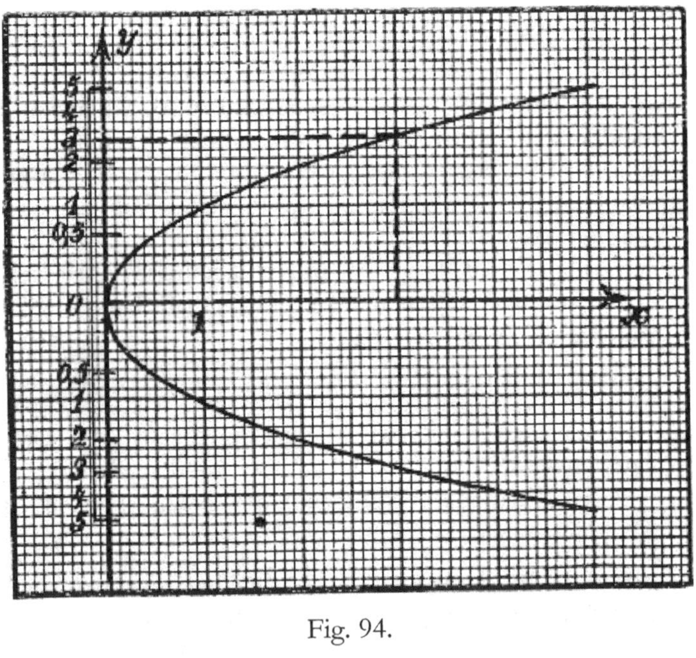

Fig. 94.

Auf der Vorderseite eines gewöhnlichen Rechenschiebers befinden sich die Skalen der Funktion $y = \log_{10} x$ in zwei verschiedenen Maßstabseinheiten.

Die Funktionsskalen tragen im allgemeinen eine ungleichmäßige Einteilung; gleichmäßig ist sie nur im Falle einer linearen Funktion $y = ax + b$, weil die zugehörige Kurve hier eine gerade Linie ist.

Wenn die Teilung einer Funktionsskale so dicht ist, daß eine Zwischenschaltung weiterer Funktionswerte nach dem Augenmaße möglich ist, kann man im Sinne der zeichnerischen Analysis die Funktion als durch ihre Skale völlig bestimmt ansehen.

Denkt man sich die Fig. 94 um einen rechten Winkel aus der Papierebene so geschwenkt, daß die x-Achse senkrecht zur Zeichenebene nach oben gerichtet ist, dann stellt die Skale der Funktion nichts weiter dar als die kotierte Projektion der Kurve (vgl. § 68), die durch die Skale gestuft ist.

Um von irgendeiner analytisch oder tabellarisch gegebenen Funktion die Skale herzustellen, ist es natürlich nicht erst nötig, die zugehörige Kurve zu zeichnen. Man braucht nur auf der gewählten Geraden, dem *Träger* der Skale, von einem beliebig angenommenen Nullpunkte aus mit der gewählten Maßstabseinheit den zu x gehörigen Funktionswert $f(x) = y$ abzutragen und an den Endpunkt dieser Strecke die Zahl x anzuschreiben.

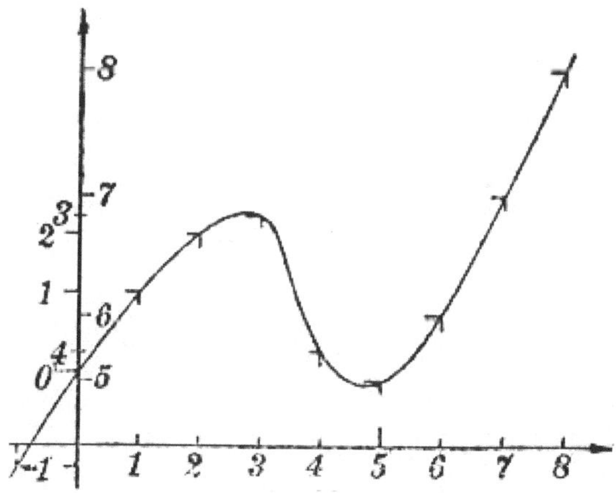

Fig. 95.

Wenn die Funktion nicht eindeutig umkehrbar ist, also zu einem Wert von y mehrere Zahlenwerte von x gehören, ist ihre Darstellung durch eine Skale zwar auch möglich, aber man muß dann mehrfach bezifferte (gebrochene) Skalen in Kauf nehmen, die, auf demselben Träger gezeichnet, sich ganz oder zum Teil überdecken (vgl. Fig. 95).

§ 101. **Konstruktion besonderer Funktionsskalen.** Einige Skalen lassen sich leicht durch eine einfache geometrische Konstruktion finden. So z. B. die Skalen für sin x und tg x für spitze Winkel, wie aus der Fig. 96 ersichtlich ist. Die Skale für sin x gibt zu gleich die für cos x, wenn man neben den Strich mit der Zahl x in Graden noch die Zahl $90° - x$ schreibt, und ebenso findet man die Skale für ctg x aus der für tg x. Man kann diese z. B. dann benutzen, um für zwei Punkte einer Karte eines ebenen Geländes, deren Höhenunterschied gleich 1 ist, den Fallwinkel φ zu bestimmen; denn die in der Karte gemessene Entfernung der Projektionen beider Punkte ist gleich $\operatorname{ctg} \varphi$.

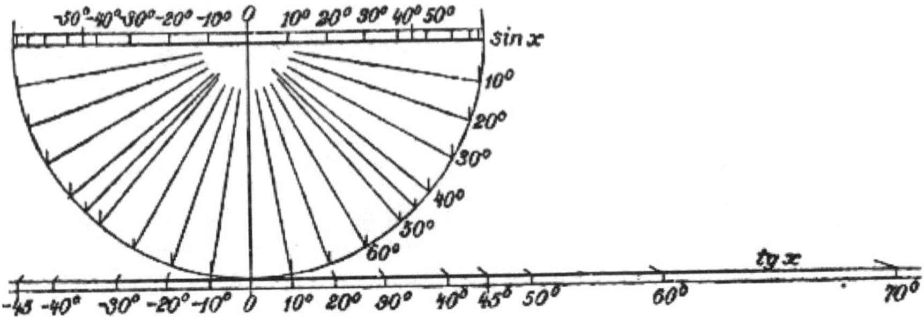

Fig. 96.

Besonders wichtig ist die Konstruktion der Skale für die linear gebrochene Funktion

$$y = \frac{ax + b}{cx + d},$$

wo a, b, c, d vier Konstanten sind, von denen es ersichtlich genügt, die drei Verhältnisse $a : b : c : d$ zu kennen. Wenn $c = 0$, so würde die Funktion eine ganze lineare sein, ihre Skale also gleichmäßig geteilt. Wenn $c \neq 0$, aber $ad - bc = 0$, wäre die Funktion gar nur eine Konstante, wie sofort aus dem Ausdruck

$$y = \frac{a}{c} + \frac{ad - bc}{c(cx + d)}$$

folgt, in den man die Funktion überführen kann. Sieht man von diesen Ausnahmefällen ab, und bezeichnet man mit y_1, y_2, y_3, y die vier zu x_1, x_2, x_3, x gehörigen Funktionswerte, so ist – man kann sich davon durch Ausrechnung leicht überzeugen –

$$\frac{y_2 - y_1}{y_3 - y_1} : \frac{y_2 - y}{y_3 - y} = \frac{x_2 - x_1}{x_3 - x_1} : \frac{x_2 - x}{x_3 - x},$$

d. h. die Doppelverhältnisse von je vier Werten von x und den zugehörigen Werten von y sind einander gleich, und daraus folgt bekanntlich, daß die Punktreihe P_1, P_2, P_3, P mit den Abszissen x_1, x_2, x_3, x auf einer Geraden I aus der Punktreihe Q_1, Q_2, Q_3, Q mit den Abszissen y_1, y_2, y_3, y auf einer Geraden II durch Projizieren gewonnen werden kann (Fig. 97). Zur Konstruktion einer *projektiven Skale* $y = (ax + b) : (cx + d)$ kann man also folgendermaßen verfahren. Gegeben sei der Träger der Skale, die Gerade II, ferner der Anfangspunkt der Skale, d. h. der Punkt mit dem Teilstrich 0, und der Maßstab, wodurch zugleich der Punkt mit dem Teilstrich 1 der Skale bestimmt ist. Nunmehr zeichnet man auf einer beliebigen Geraden I irgendeine gleichmäßige Teilung. Man verbindet sodann miteinander die Punkte der Teilstriche 0 und ebenso die Punkte der Teilstriche 1. Der Schnittpunkt S dieser Verbindungsgeraden ist der Mittelpunkt des

Strahlbüschels, das die Skale I auf die Skale II projiziert. (Fig. 98.) Natürlich gibt es auf einer Geraden unzählig viele projektive Skalen mit denselben Punkten 0 und 1; denn eine projektive Skale ist erst durch die Angabe von drei Punkten eindeutig bestimmt, entsprechend den drei Konstantenverhältnissen $a : b : c : d$.

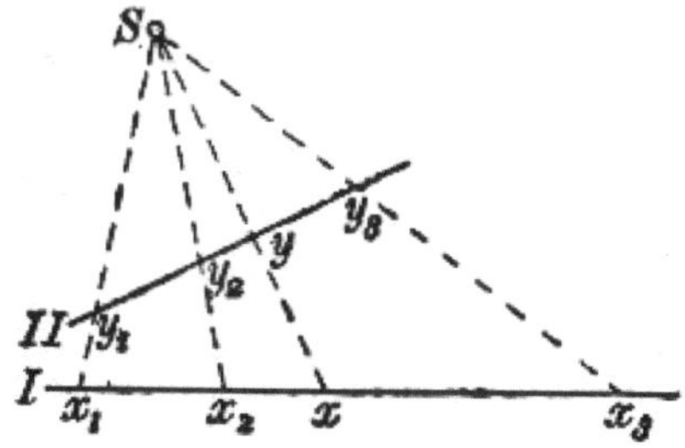

Fig. 97.

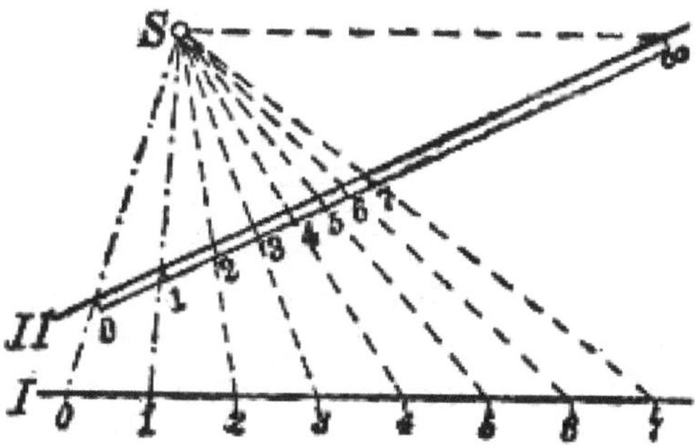

Fig. 98.

§ 102. *Aufgabe.* Eine Strecke AB = 5 cm soll mit einer solchen Skale versehen werden, daß an jedem Punkte abgelesen werden kann, in welchem Teilverhältnis der beiden Abschnitte die Strecke durch ihn geteilt wird. Ist P ein Punkt der Strecke, $AP = y$, und x die Skalenstelle von P, so soll $AP : PB = x$ oder

$$y/_{AB-y} = x$$

sein; daher ist

$$y = x/_{1+x} \cdot AB.$$

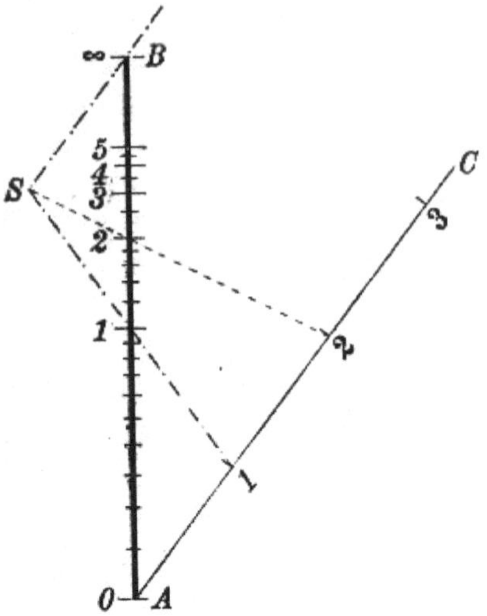

Fig. 99.

Zur Konstruktion der Skale y auf AB überlegt man, daß dem Punkte A der Wert $x = 0$, der Mitte von AB der Wert $x = 1$, dem Punkte B der uneigentliche Wert $x = \infty$ beizuschreiben ist. Man zieht also z. B. durch A eine beliebige Gerade AC mit gleichmäßiger Teilung, die überdies auch in A beginnen kann. Nun verbindet man den Teilpunkt 1 dieser Geraden AC mit der Mitte von AB, den Teilpunkt ∞ der Geraden mit dem Punkte B (d. h. man zieht durch B eine Parallele zu AC); beide Verbindungslinien schneiden sich in S, dem Mittelpunkte des projizierenden Strahlenbüschels (Fig. 99).

Der Leser mag ferner die Skale $1 : x$ zeichnen.

§ 103. **Zusammengesetzte Funktionsskalen.** Wenn y als Funktion von x durch eine Skale gegeben ist und ebenso y als Funktion von u, so kann man den funktionalen Zusammenhang zwischen x und u einfach dadurch graphisch herstellen, daß man die beiden Skalen mit den zusammengehörigen Werten von y aneinanderlegt. Ein einfaches Beispiel dafür geben die drei Thermometerskalen nach Celsius, Réaumur und Fahrenheit, wenn man sie sich auf demselben Thermometer angebracht denkt (Fig. 100); sie entsprechen folgenden drei linearen Funktionen:

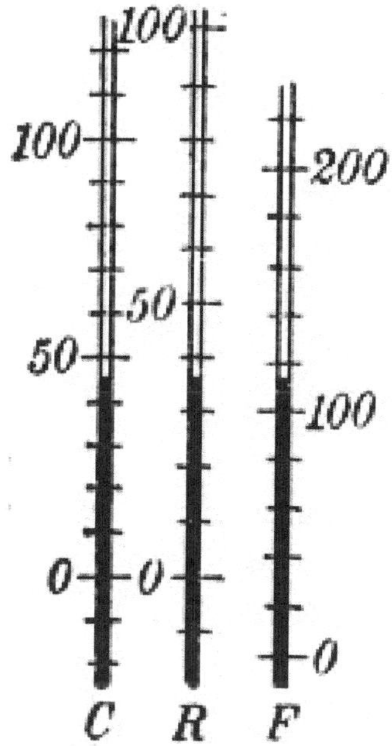

Fig. 100.

$$C = x,\ R = {}^4/_5 x,\ F = {}^9/_5 x + 32.$$

Auf der Vorderseite des gewöhnlichen Rechenschiebers findet sich im oberen Teile die Skale $y = \lg x$, im unteren dieselbe Skale im doppelten Maßstab, d. h. die Skale $y = 2 \lg u$; durch den Strich des Glasläufers wird daher die Beziehung $\lg x = 2 \lg u = \lg u^2$ oder $x = u^2$, $u = \sqrt{x}$ vermittelt.

Ebenso leicht ist es auch, wenn $y = f(x)$ und $x = \varphi(u)$ je durch eine Skale dargestellt sind, die Skale herzustellen, die den funktionalen Zusammenhang $y = f(\varphi(u)) = \psi(u)$ zwischen y und u liefert, oder, anders gesprochen, die graphische Elimination von x auszuführen. Es würde an sich genügen, neben die Bezifferung x der Skale $y = f(x)$ den zugehörigen Wert von u zu schreiben, wie ihn die Skale $\varphi(u)$ ergibt, nur würde man dann keine zur Interpolation brauchbare Skale mit gleichen Unterschieden der Veränderlichen u erhalten. Um die dazu erforderliche Zwischenschaltung der u-Werte mit befriedigender Genauigkeit ausführen zu können, zeichnet man zuerst in einem Koordinatensystem (x, y) mit einer x-Achse, die zugleich Träger der Skale $\varphi(u)$ ist, und einer y-Achse, die zugleich Träger der Skale $f(x)$ ist, die Kurve $y = f(x)$. Nun kann man leicht zu jedem Teilstrich der Skale $\varphi(u)$ den zugehörigen Teilstrich der Skale $\psi(u)$ auf dem in der Fig. 101 durch die Pfeile angedeuteten Wege finden.

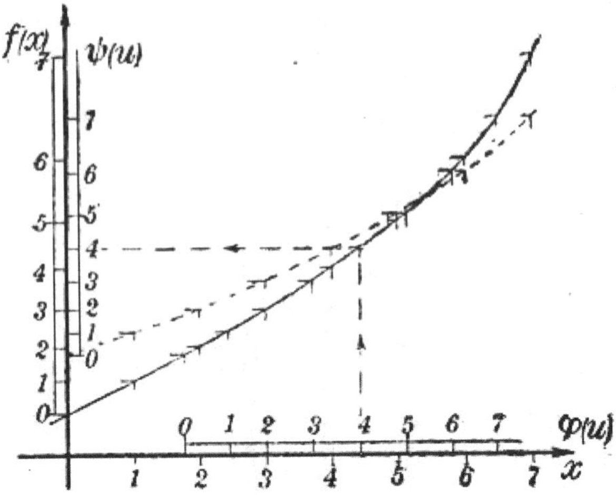

Fig. 101.

§ 104. **Netzteilung.** Für viele Zwecke der zeichnerischen Analysis ist es wichtig, eine Kurve (*K*), die in einem Koordinatensystem (x, y) gezeichnet vorliegt, in eine andere ($\varkappa$) zu verwandeln, die sich auf ein Koordinatensystem (ξ, η) bezieht, wobei $\xi = \varphi(x)$, $\eta = \psi(y)$ gegebene funktionale Beziehungen zwischen x und ξ, y und η bedeuten sollen. Wäre die Gleichung der vorgelegten Kurve (*K*) bekannt, etwa $F(x, y) = 0$, und wären auch die Funktionen $\varphi(x)$ und $\psi(y)$ in analytischer Form gegeben, so würde man nur ξ, η an Stelle von x, y einzuführen zu haben, um die Gleichung $\Phi(\xi, \eta) = 0$ der verwandelten Kurve ($\varkappa$) zu erhalten. Aber hier handelt es sich darum, *zeichnerisch* die Aufgabe zu lösen, wenn die Kurve (*K*) und die Funktionen $\varphi(x)$ und $\psi(y)$ graphisch gegeben sind.

Man trägt auf einer ξ-Achse die Skale $\xi = \varphi(x)$ auf und ebenso auf einer η-Achse die Skale $\eta = \psi(y)$, wodurch ein im allgemeinen ungleichmäßig geteiltes Netz bestimmt ist, wie die Fig. 103 angibt. Jedem Koordinatenpaar x, y entspricht in diesem Netze ein Punkt, der entweder auf einen Schnittpunkt der Netzgeraden fällt, oder dessen Lage durch Schätzung leicht zu ermitteln ist. Auf diese Weise kann man die gegebene Kurve (*K*) Punkt für Punkt in dieses Netz übertragen und erhält so die verwandelte Kurve ($\varkappa$).

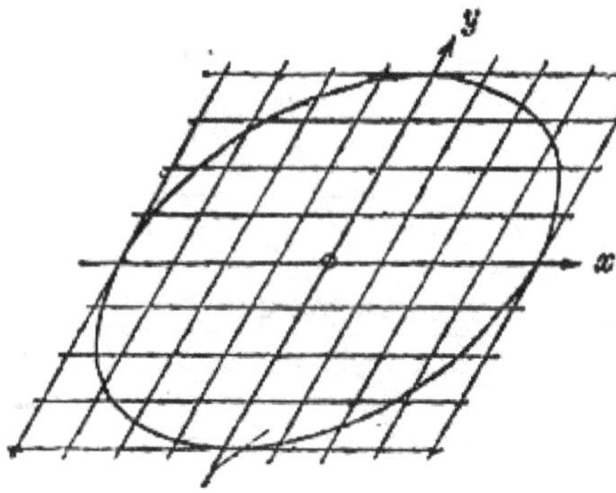

Fig. 102.

Beispielsweise geht die Ellipse mit den Halbachsen a und b, deren Hauptachsenrichtungen mit den Koordinatenachsen x, y und deren Mittelpunkt mit dem Ursprung zusammenfällt, deren Gleichung also

$$x^2/a^2 + y^2/b^2 = 1$$

lautet, durch Umzeichnung in ein Netz mit den Skalen $\xi = x^2$, $\eta = y^2$ in die Gerade mit der Gleichung

$$\eta/a^2 + \xi/b^2 = 1$$

über, die die Skalen in den Teilstrichen a^2 und b^2 trifft und also leicht zu zeichnen ist. Das wurde auch für schiefwinklige Achsen gelten, wenn a, b dann konjugierte Halbmesser bedeuten.

Man kann von dieser Bemerkung eine Anwendung auf folgende Aufgabe der praktischen Mathematik machen. Es liegt eine eiförmige Kurve gezeichnet vor, und es besteht die Vermutung, daß sie angenähert eine Ellipse sei; wie ist das festzustellen? Man wird zunächst angenähert den Mittelpunkt und zwei konjugierte Durchmesser der Kurve bestimmen, indem man ein ihr umschriebenes Parallelogramm mit seinen Mittellinien zeichnet. Dadurch ist zugleich ein schiefwinkliges Koordinatensystem x, y gegeben, durch das die Punkte der Kurve festgelegt werden können. Man zeichnet jetzt das ungleichmäßig geteilte Netz $\xi = x^2$, $\eta = y^2$, und in dieses trägt man genügend viele Punkte der eiförmigen Kurve ein; sie werden, den vier Quadranten der Kurve entsprechend, angenähert auf vier Seiten eines Parallelogramms liegen. Die Abweichung der Punkte von diesen Geraden läßt auch die Abweichung der Eilinie von der Ellipse erkennen. Wenn man über die Punkte, die angenähert auf einer Geraden liegen, einen Faden spannt oder eine auf einen Film geritzte Gerade legt, kann man in den meisten Fällen genau genug die Abweichungen ausgleichen und dadurch die Längen für die konjugierten Halbmesser der Ellipse bestimmen, die die Eilinie am besten darstellt (Fig. 103).

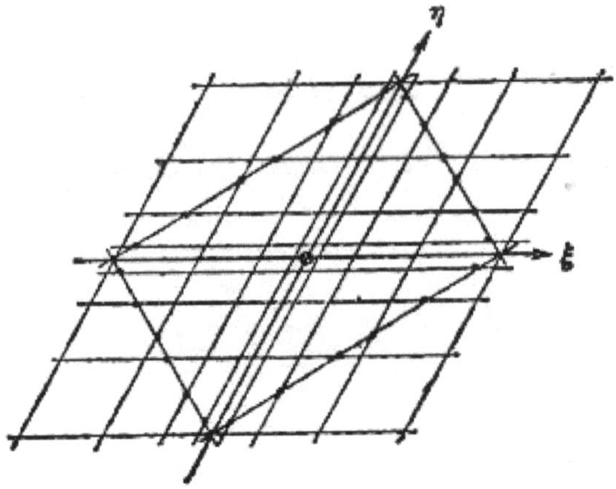

Fig. 103.

§ 105. **Logarithmenpapier.** Besonders wichtig ist ein Netz mit logarithmischer Einteilung. Solche Netze sind in Form von Logarithmenpapier käuflich zu haben. Es gibt zwei Arten davon: bei der einen ist sowohl die Abszissenachse, wie auch die Ordinatenachse logarithmisch geteilt, bei der anderen nur die eine der Koordinatenachsen. Ihre Verwendung wird aus folgenden Beispielen hervorgehen.

Wenn es sich darum handelt, die polytropische Kurve mit der Gleichung

$$pv^{\varkappa} = c$$

zu zeichnen, wo $\varkappa$, c zwei Konstanten, p und v aber Druck und Volumen eines Gases bedeuten, das sich adiabatisch ausdehnt, so setze man

$$\xi = \lg v,\ \eta = \lg p,\ C = \lg c$$

und erhält

$$\eta + \varkappa\xi = C,$$

d. h. im Koordinatennetz ξ, η eine gerade Linie. Man wird hier also die erste Art des doppelt logarithmisch geteilten Papiers benutzen (Fig. 104).

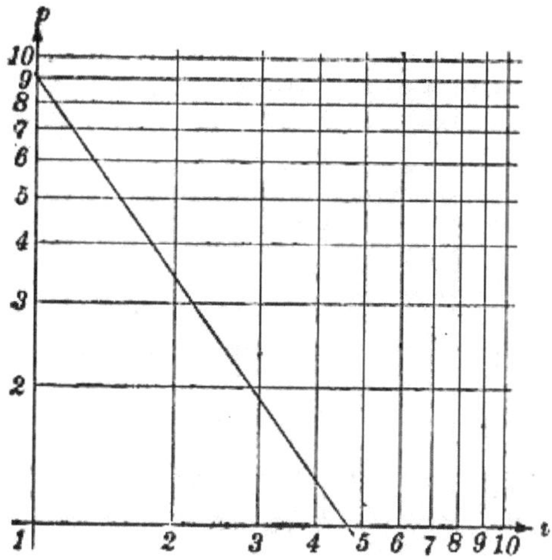

Fig. 104.

Wenn man mit einem gut eingeschossenen Gewehr nach einem Punkte O einer ebenen senkrechten Scheibe oftmals schießt, so werden die Einschläge sich in der Nähe von O häufen und mit wachsendem Abstande von O an Zahl abnehmen. *Gauß* hat als Maß für die Häufigkeit eines Treffers im Abstande ξ von O den Ausdruck (Fehlergesetz)

$$z = e^{-\xi^2}$$

angegeben, dem die Häufigkeit proportional ist, unter der Annahme, daß sie in allen von O ausgehenden Richtungen dieselbe sei. Setzt man

$$\eta = \lg z, \lg e = 0{,}4343,$$

so wird

$$\eta = -0{,}4343 \cdot \xi^2.$$

Bei Verwendung einfach logarithmisch geteilten Papiers ergibt dies eine Parabel. Setzt man noch $\xi = \sqrt{\zeta}$, d. h. bringt man noch auf der gleichmäßig geteilten Skale des Logarithmenpapiers eine quadratische Teilung an, so geht die Parabel in die Gerade

$$\eta = -0{,}4343 \cdot \zeta$$

über (Fig. 105).

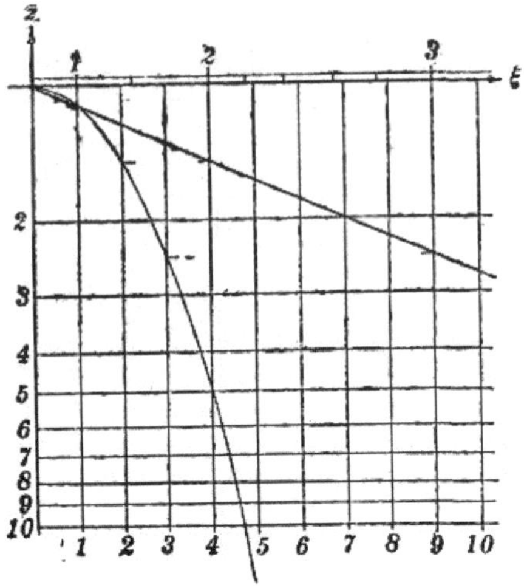

Fig. 105.

§ 106. **Darstellung einer Funktion von zwei Veränderlichen durch ein Rechenblatt.** Es sei $z = f(x, y)$ die darzustellende Funktion der beiden voneinander unabhängigen Veränderlichen x und y. Ihr geometrisches Bild ist eine Fläche, wenn man die Werte von z als Höhen senkrecht über einer Ebene in den Punkten mit den Koordinaten x, y aufträgt. Zu jedem festen Werte von z gehört eine Kurve bestimmter Höhe auf der Fläche, d. h. eine ihrer Schichtlinien. Die Projektionen der Schichtlinien auf die als Zeichenebene gedachte xy-Ebene liefern die Karte der Fläche und somit eine geometrische Darstellung der Funktion durch Schichtenlinien $f(x, y) =$ konst. im Koordinatensystem (x, y). An den Schichtenlinien hat man sich die zugehörigen Werte von z als Höhenzahlen angeschrieben zu denken, genau so, wie es bisher bei der kartenmäßigen Darstellung der Geländeflächen geschehen ist. Es ist nicht nötig, daß die Funktion in entwickelter Form $z = f(x, y)$ gegeben sei; für eine Gleichung der Form $F(x, y, z) = 0$ ist dieselbe Darstellung möglich. Diese Darstellung hat man ein *Rechenblatt* (Nomogramm, Abakus) der Funktion oder der Gleichung genannt.

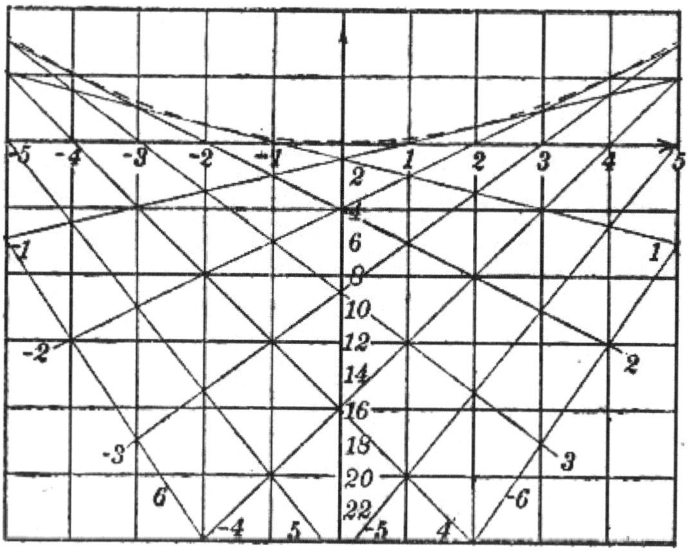

Fig. 106.

In der Fig. 106 ist das Rechenblatt der Funktion z dargestellt, die durch die Gleichung

$$z^2 + xz + y = 0$$

gegeben ist. Die Schichtlinien sind alle Geraden. Man kann das Rechenblatt zur zeichnerischen Auflösung einer beliebigen quadratischen Gleichung mit reellen Wurzeln

$$z^2 + pz + q = 0$$

nach der Unbekannten z gebrauchen. Man sucht im Rechenblatt den Punkt mit den Koordinaten p, q und sieht nach, welche Schichtgeraden durch ihn hindurchgehen; die Zahlen der Schichtgeraden, die nötigenfalls durch schätzendes Zwischenschalten zu bestimmen sind, geben die reellen Wurzeln der Gleichung an. Liegt der Punkt auf der einhüllenden Parabel $x^2 = 4y$, so hat die Gleichung eine Doppelwurzel, liegt er im Innern dieser Parabel, so hat die Gleichung keine reelle Wurzeln.

In ähnlicher Weise läßt sich die Gleichung

$$z^n + xz^m + y = 0$$

und noch allgemeiner die Gleichung

$$\varphi(z) + x\psi(z) + y = 0$$

behandeln, wo $\varphi(z)$, $\psi(z)$ beliebige Funktionen bedeuten können, die analytisch oder tabellarisch oder auch zeichnerisch durch Kurven oder Funktionsskalen gegeben sein können. In allen diesen Fällen sind die Kurven des Rechenblattes gerade Linien. Solche Rechenblätter sind natürlich besonders leicht herzustellen.

§ 107. **Rechenblatt mit ungleichmäßiger Teilung.** Auch wenn die Kurven konstanter Werte von z zunächst keine geraden Linien ergeben, kann man doch häufig durch Benutzung von Skalen auf den Koordinatenachsen bewirken, daß die Kurven des Rechenblattes Geraden werden. Zum Beispiel wenn die Gleichung

$$\varphi(z) + \xi(x) \cdot \psi(z) + \eta(y) = 0$$

vorliegt, die eine Verallgemeinerung der vorhergehenden ist, so wird man das Netz der Skalen $\xi(x)$, $\eta(y)$, wie in § 103 angegeben worden ist, benutzen können; die Schichtlinien in diesem Netze ξ, η sind dann gerade Linien, denn es ist

$$\varphi(z) + \xi \cdot \psi(z) + \eta = 0$$

für jeden Wert von z die Gleichung einer Geraden.

Die Zustandsgleichung eines vollkommenen Gases lautet

$$pv = RT,$$

wobei p den Druck, v das Volumen, R die Gaskonstante, T die absolute Temperatur des Gases bedeuten. Die Isothermen T = konst. sind, im Koordinatensystem p, v gezeichnet, gleichseitige Hyperbeln; im System

$$\xi = \lg p, \eta = \lg v$$

dagegen ergeben sich dafür gerade Linien. Bei Benutzung doppelt geteilten Logarithmenpapiers läßt sich mithin für die obige Zustandsgleichung ein Rechenblatt mit dem Lineal allein herstellen.

Wenn man sich auf doppelt geteiltem Logarithmenpapier mit den Skalen $\xi = \lg x$, $\eta = \lg y$ die Geraden $z = xy$ zeichnet, so kann das entstandene Rechenblatt als Multiplikationstafel dienen; denn in ihm liegt der Punkt mit den Koordinaten x, y, den Faktoren, jedesmal auf der Geraden mit der Höhenzahl xy, dem Produkte (Fig. 107).

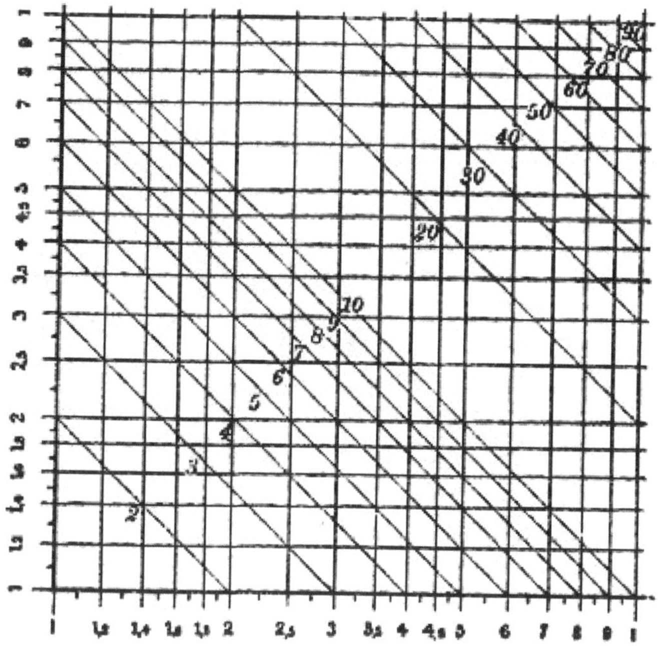

Fig. 107.